SymBooks

清流の街がよみがえった

地域力を結集——グラウンドワーク三島の挑戦

渡辺豊博——著
WATANABE Toyohiro

グラウンドワーク三島の3つのキーワード
1. 住民アクション
2. パートナーシップ
3. 環境を創造

グラウンドワーク三島の活動の原点:源兵衛川再生物語

昭和36年（1961）以前の三島は、富士山からの湧水が街中に湧き出す、美しき「水の都」でした。水量豊かないくつもの川は、三島の生活と文化の中心でした。その後、湧水の減少が進み、水辺の環境は悪化し続け、特に、三島の中心部を流れる源兵衛川は、ゴミが捨てられ、汚れた川になってしまいました。

そこで、ふるさとの「原風景・原体験」を取り戻そうと多くの市民が立ち上がり、市民・NPO・企業・行政がパートナーシップを組む、新たな市民運動（グラウンドワーク活動）が始まりました。

住民の水に対する思いとアイデアを反映した計画にするために、建築・農業・土木・造園・意匠デザイナーさらに生態系の専門家集団を組織し、活発な調査・計画・設計活動を展開しました。

この活動をきっかけとして、グラウンドワーク三島実行委員会（現、NPO法人グラウンドワーク三島）が誕生し、様々な利害者の対立や困難を調整し、地域特性と自然環境が活かされた水辺空間が創られました。今では子供たちが水遊びする姿が日常的に見られ、ホタルが乱舞するまでに水辺環境が回復しました。

湧水が豊かだった源兵衛川
昭和30年頃　（植松利作氏撮影）

環境悪化が進んだ源兵衛川
昭和55年

現在の源兵衛川

水環境整備事業

この事業は、地域の声に呼応し、静岡県が親水公園として整備しました。三島市立公園楽寿園の湧水を水源として、市街地を通り温水池まで流れている源兵衛川の自然環境を生かすため、全長1.5kmの流域に8つのゾーンを設定し、各ゾーンの特性を生かした整備を展開しました。

●溶岩ブロックの「川のみち」は人・水・自然の交流空間となっています。(第2ゾーン)

●神社と清流が一体となった親水空間です。(第3ゾーン)

各ゾーンの特色は次のとおりです。

1. 源兵衛川の水源、楽寿園の「せりの瀬」を見ることができる場所です。
2. 子供たちが水と遊んだり、魚釣りをすることができる場所です。
3. 宿場町としての三島の歴史を見ることができる場所です。
4. 橋を通じて人々の出会いの場所となっています。
5. 自然と文化における水との関わりあいを表現した場所です。
6. 日常的な川とのふれあいの場として整備されています。
7. 水と農業との関わりあいを知ってもらう場所となっています。
8. 水生植物や魚を観察したり、水質を監視するという自然環境の豊かな場所となっています。

●住民が川沿いの植栽管理を行っています。(第6ゾーン)

●自然生態系として蘇った温水池。冬は逆さ富士の映る水面にカモが群れ、市民の憩いの場となっています。(第8ゾーン)

源兵衛川再生物語 水辺再生への合意形成

▲水上（現在の白滝公園）の清流と富士山

▲源兵衛川上流の
料亭広瀬楼と水車

▲川で遊びたわむれる子供たち

1985 〜 1990 年

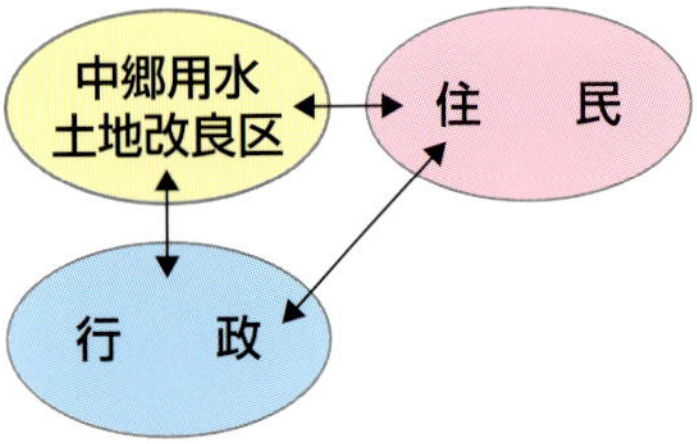

責任分担型パートナーシップへの
合意が形づくられていきました。

『相互の利害を乗り越えて―責任逃れから責任の分担へ―』

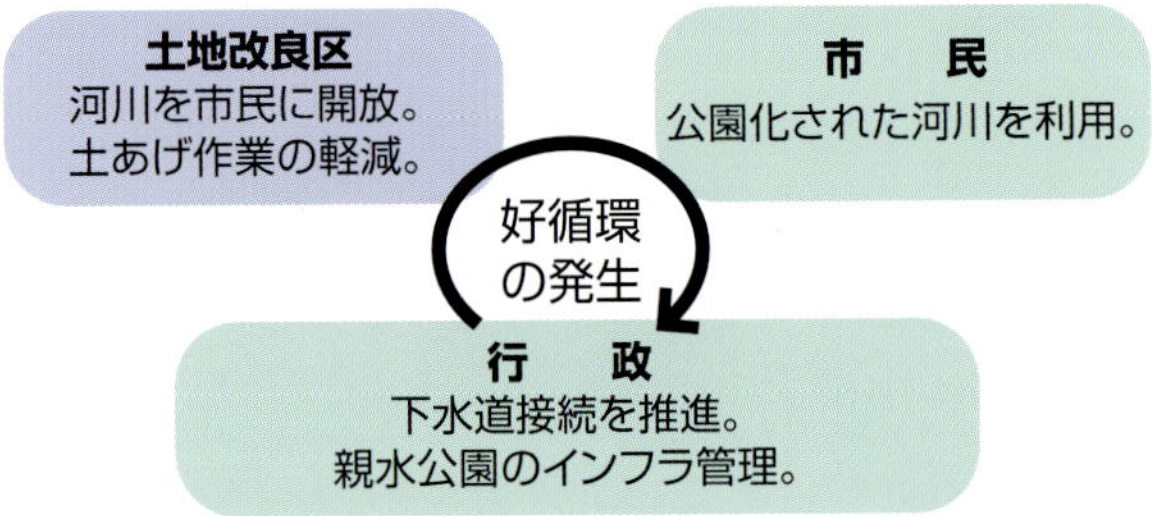

1990 〜 1992 年

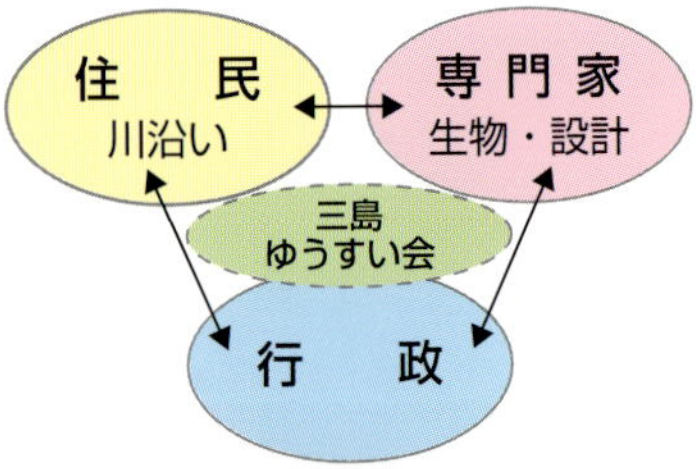

『川の自然環境とそれを守る住民の共生への処方箋
―生態系調査と住民アンケート調査―』

▲水生昆虫生息調査

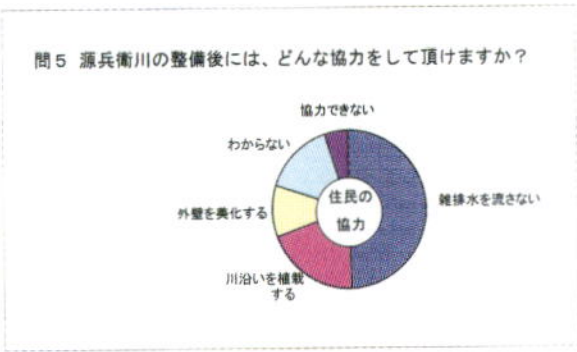

▲住民アンケート調査結果

▲魚の生息調査

川の自然度の把握 ＋ 住民の川への思い 住民の川管理への意向 ＝ 河川改修・整備への処方箋

1990 ～ 1998 年

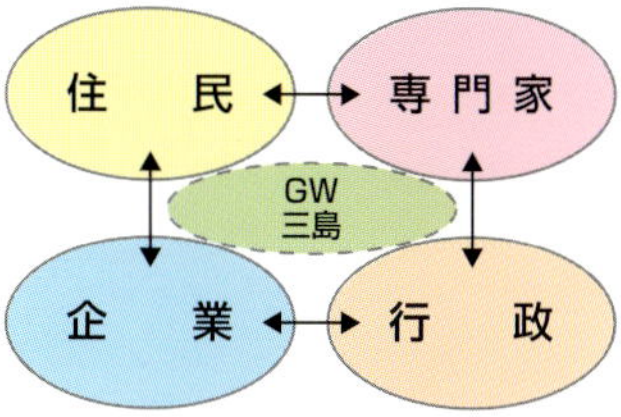

設計コンセプト

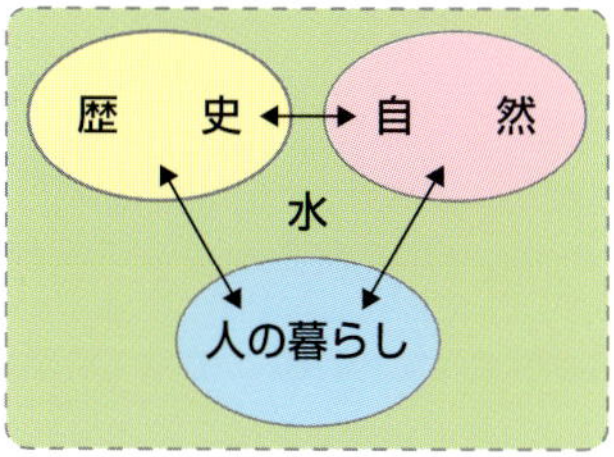

「水と溶岩にこだわりながら源兵衛川に暮らしの原風景を再生する」

『三島の風土に根ざした川の風景の再生を
―地域性を暮らしの水辺に再生する試み―』

住民の川との共存の希望をベースに、住民・行政・専門家の協力と企業の水供給の協力により、事業は進められていきました。

▲第 2 ゾーン計画図

▲川の模型を前に
ワークショップ
（写真は第 6 ゾーンの例）

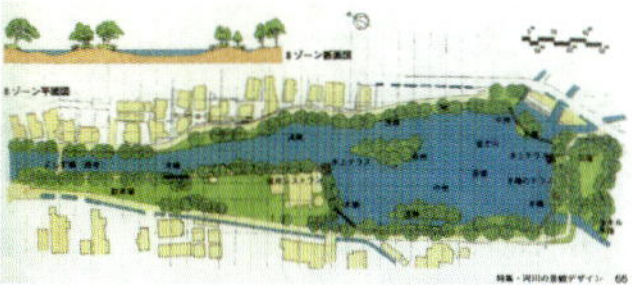

▲第 8 ゾーン計画図

▲第 2 ゾーン計画図

協働による河川環境の維持管理― 1998 年～―
「街中がせせらぎ」事業による取組― 2000 年～―

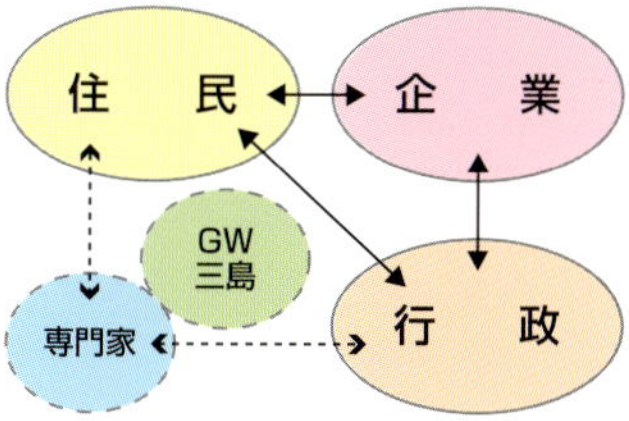

（←--→は必要に応じて助言・指導）

川の維持管理は、自然再生を行いながら、同時に次代を担う子供たちに自然とのふれあいの楽しさや恐ろしさを伝え、川を地域の共同財産として守り育てていこうとするものです。

『ゆっくり楽しみながら、川の自然と子供たちを育てる』

▲第 3 ゾーンにおける川清掃の様子

▲住民によるミシマバイカモの植付け

▲夏季環境学習

▲元気な水ガキたちの復活

松毛川の自然再生

自然再生事業のモデルとして河川環境の再生に取り組む。ホテイアオイの除去作業や河畔林の保全活動を実施

長伏小学校ビオトープ

人工芝の中庭を子供たちの環境教育の場となるビオトープに。児童、先生、PTAと地元企業との連携で素晴らしい空間に

三島南高校ビオトープ

「うっそうとした湿地」をテーマに高校生たちが中心になってビオトープを整備

函南さくら保育園ビオトープ

保育園に隣接する遊休地を活用し、園児も参加して「遊べる自然の場」となるビオトープを整備

鎮守の森探検隊

三島に点在する多くの鎮守の森をフィールドに地域の親子を対象にした環境学習プログラムを開催

丸平商店の再生

旧東海道沿いに建つ歴史的建築物の再生利用をプロデュース。街のにぎわい再生を目指して

旧三島測候所の保存

昭和初期のモダン建築である三島測候所の保存運動を展開。将来は環境まちづくりの活動拠点として活用したい

せせらぎシニア元気工房

シニア有志が中心となって間伐材や放置竹林の竹材などを活用した製品開発

三島うみゃあもん屋台

街のにぎわい再生を目指して、屋台を製作し、それを活用した商品販売。箱根西麓野菜など地産地消の促進を

GW三島の実践地&活動あれこれ

鎧坂公園
雑草が生い茂っていた約 40 坪の空き地を、子供会をはじめ多くの住民グループの一斉作業でポケットパークを整備

沢地グローバルガーデン
民間レベルの国際交流を実践する地域のグループが主体となって整備・維持管理する「交流の場」

みどりのふれあいの園
雑草が伸び放題だった市の遊休地が、町内会や子供会の皆さんと企業の協力で素敵な公園に

境川・清住緑地
貴重な自然環境が残されている広大な遊水池（約 85ha）を対象とした大ビオトープ公園の整備をコーディネイト

鏡池ミニ公園
湧水が枯渇し荒れ果ててしまった由緒ある遊水池を「歴史を生かした手作り公園」として再生

雷井戸
江戸時代からある市内最大の井戸。かつては簡易水道の水源だったが使用放棄されてしまった井戸の再生

腰切不動尊
忘れ去られようとしていた不動尊をお祭りの復活や裏手にあった古井戸の整備を行い、地域の宝物として再生

宮さんの川ほたるの里
市民の手によって景観整備・維持管理がされている「宮さんの川」上流にほたるの里づくりを実施

三島梅花藻の里
冷たいきれいな湧水でしか育たない水中花ミシマバイカモ。一時期市内では絶滅したが、その再生基地を整備

特定非営利活動法人グラウンドワーク三島

プロジェクト実践地

NP0法人GW三島事務局
〒411-0857　静岡県三島市芝本町1-43
http://www.gwmishima.jp/

はじめに

グラウンドワーク三島の活動開始のきっかけは、「水の都・三島」の水辺自然環境の危機的状態だ。故郷の原風景が傷つき、荒れ果て、水を愛した三島市民が水辺環境再生への意欲や行動を失いかけている切迫した状態が、活動開始の原動力・起爆剤となって、市民有志が立ち上がった。

街は誰のものか、街の本質的な価値とは何か、市民の役割とは何か、そして、次世代に残せる街の宝物とは何かなど、街をこよなく愛する各界各層の市民が大いに議論し、様々な解決への処方箋を検討した。三島の活動の特徴は、議論や提案だけに終わらず、この議論を実現化するために行動を起こし、成果を残すことを信条として、具体的な活動を推進したことにある。

その手法は、イギリスで成功していた先進的な街づくり・環境づくりの手法「グラウンドワーク」を導入するなど、戦略的・先駆的であった。その後、「水の都・三島」を再生・復活していこうとする新たなる街づくり戦略とそれを実現するためのマネジメントを立案し、試行錯誤を繰り返しながら着実に実践・具現化していったのだ。

「グラウンドワーク」とは、「住民アクション・パートナーシップ・環境創造」がキーワードだ。「市民一人一人が街づくりの主役である」「皆でやれば怖くない」の精神のもと、地域住民の自立と自律への意識改革と団体同士のネットワークの力をベースに、地域単位で発生する身近な環境問題に地域総参加で取り組むものである。

合言葉は、「右手にスコップ・左手に缶ビール」「議論よりアクション」「走りながら考える」だ。必要論や総論に時間を浪費するのではなく、ある程度の活動の方向性が決まったら、即刻、現場に出掛けていって課題解決に取り組む。様々な利害者の思惑を調整し、一体化した母集団を形成して、それぞれの得意技を出し合った有機的な結合体に組織編成していくのだ。作業終了後は、飲食の場が、活動の反省とともに街づくりへの思いや考え方を語り合う「夢舞台」となる。この場での会話や交流の中から、次の活動へのアイデアや意思疎通が図られ、パートナー同士の相互理解が進み、信頼性と事業の進化が生まれていくことになる。

グラウンドワーク三島の様々な実績には、説得力と社会的・教育的波及効果がある。平成四年九月に活動を開始して以来、現在までに市内三四か所に実践地が点在しており、具体的な環境改善地区では施工前後の劇的な環境変化を生み出し、あわせて地域総参加によるパートナーシップの有益性と潜在力を地域住民に証明している。グラウンドワーク三島による調整・仲介役的な役割と存在が、利害者同士の都合や誤解を解消し、皆で課題解決に取り組むための新たな体制づくりと意識の変革を醸成していることを、見事に実証しているといえる。

今後、日本においては財政状況が悪化の一途を辿ると予想される中で、行政の力がますます弱まり、市民の内発的で主体的な活動なくしては、安心・安全な地域社会を維持できなくなる時代が到来すると思う。このような中で、市民自らが現場でスコップを持ち、地域の課題解決に立ち上がるグラウンドワーク活動は、まさに「市民公協事業」といえ、自分たちの地域は自分たちで創り、守っていく、「新たなるセーフティネット」であるといえる。

清流の街がよみがえった

地域力を結集——グラウンドワーク三島の挑戦

はじめに

第3章 グラウンドワーク三島の先駆的・発展的取り組み

第4章 パートナーシップの形成

第1章

グラウンドワーク活動で「水の都・三島」の環境再生に挑戦

1 活動の原点「水の都・三島」の原風景

1.1 水と暮らしと風景

三島市は昔より「水の都」と呼ばれ、富士山から供給される清冽な湧水が街中を縦横無尽に走り、美しい水辺自然空間を誇っていた。代表的な湧水河川としては、源兵衛川、宮さんの川、桜川、御殿川、四の宮川などがあり、豊かな水量を保って流れ、昭和三〇年代前半頃までは市民の日常生活と水は切っても切れない親密な関わり合いを保っていた。

水辺の洗濯場は朝から主婦たちでにぎわい、夏の日中は子供たちの水泳や魚とりの歓声が響いた。また、川に面した家には張り出した川端《かわばた》（今でいうデッキ）があり、洗濯場や浜降り（葬式後に精進落としの汚れものを川に流す行事）などに盛んに利用されていた。

また、源兵衛川の上流部の「広瀬」と呼ばれたところでは、水を庭に引き込み、舟遊びに興じていたという。各川は道路上まで湧水であふれ、子供たちは川がプールだった。水温一五℃の冷水で体が冷えると道路上に仰向けになり、太陽を受けて体を温め、また泳いだ。水中の透明度は一〇〇％であり、針が落ちていても見えた。水中一面に三島梅花藻《みしまばいかも》が咲き乱れ、そ

かつての水辺風景——桜川で洗濯

の中をハヤが泳ぎ回り、初夏になるとホタルが川面を乱舞した。

まさに、自然が満ちあふれた「水網都市」だったといえる。三島市民にとって水辺と暮らしは表裏一体の関係にあり、人々の情緒や街の雰囲気、さらには農兵節にみられる文化も水から起因したものであった。水は「血液」であり、「空気」のような必要不可欠な存在であった。

2 「水の都・三島」の水辺自然環境の再生・復活への取り組み

2.1 変わり果てた「水の都・三島」の水辺自然環境

このように、古くより「水の都」と呼ばれた三島市だったが、昭和三〇年代以降、上流地域での産業活動の活発化によって地下水が盛んに汲み上げられ、放置森林の拡大や水田の減少と相まって、市内の各河川や湧水池からはあの豊かで清冽な湧水が次第に消えていってしまった。

この湧水減少の環境変化の中で、水に愛着とこだわりの気持ちを強く抱いていたはずの三島市民は、川への思いや慈しみの気持ちを忘れてしまった。人間とは不思議なもので、美しき川の風景が日常化していれば、川を自ら汚すことはない。しかし、汚れた川の風景や現実が時間をかけ次第に常態化していくと、汚れた川が無意識のうちに当たり前の風景に変化して、汚し、傷つけることへの罪悪感と道徳心は希薄化していく。

かつての水辺風景――現・白滝公園

その結果、川を何よりも大切にしてきた「三島っ子」が、家庭雑排水のタレ流しやゴミの投棄等を平気で行う、川の環境悪化の最大の原因者になり下がってしまったのだ。高度成長時代の激しい社会変化の渦に飲み込まれるように、「故郷の宝物」は、「故郷の厄介者」に変質し、結果的に、昔の清冽な川が消滅の危機に瀕し始めていた。

2.2 活動のベースとなった先人の取り組み

三島の人々は、市民運動に昔から大変熱心だ。グラウンドワーク三島の活動に情熱を持って参加するボランティアスタッフの真剣な取り組み姿勢と考え方を長い間にわたり見ていると、市民運動に寝食を忘れてしまうほどのめり込む、先輩たちの「強烈な自立心のＤＮＡ」が刷り込まれているのではないかと思う。

●石油コンビナート進出阻止運動

先輩たちの最大の偉業は、昭和三九年に始まった「石油コンビナート進出阻止」運動だ。

当時の三島市民の反対運動は、感情的・情緒的な市民運動ではなかった。他地区の視察や聞き取り調査、科学者を招聘しての学習会の開催、様々な

満水の小浜池

渇水した小浜池

市民組織同士の度重なる検討会の実施、沼津市や清水町との連携による反対運動の広域化、健康被害の実態調査など、多種多様な観点から情報を集め、三島の地形や気象特性に合わせた調査研究と分析を行い、その被害程度を予測した。

特に、国が行った「風は滞留せず円滑に流れ問題なし」との発表に対して、国立遺伝学研究所の松村調査団が異議を唱え、また、沼津工業高校の先生の指導のもと、高校生三〇〇人により行われた風向観測などの科学的な調査結果により、「三島市は内陸部で、地形的にも悪条件で亜硫酸ガスの影響は必至である」と判断し、反論した。

また、地下水についても、国は、三島市中郷地域と清水町一帯には巨大な地下ダム（貯水池）があり、どんなに大量に工場において地下水を汲み上げても湧水は減少しないと説明した。しかし、これに対しては、三島市内で小児科病院を開業していた窪田精四郎先生が猛然と異議を唱え、富士山からの地下水の短期流動説（三島を流れる地下水は、富士山から約九〇日の時間で流れ下る地下川のようなものであるとする）を科学的に調査研究し、多くの論文を学会に報告して、この評価により、医学博士ではあったが理学博士にもなられた。

三島市民は、これらの科学的な論拠をベースに、「緑と森と水を守ろう」のスローガンのもと、「行政の論理に対しては、市民が考えた論理で臨む」非常に冷静で先進的な市民運動を展開した。その結果、最終的には、国もそれぞれの論理の不備と欠点を認め、本地域からの撤退を決定した。まさに、市民による科学的・学術的な調査研究の論理が、国策優先の国や県の圧力や誘惑を排除し、現在の「水の都・三島」の水辺自然環境を守る立役者となった。「公害を市民運動によって事前に阻止した実例」として、この運動の考え方と手法は高く評価されている。石油コンビナートとなった四日市市や川崎市のその後の悲劇の実態は説明するまでもない。

●三島市民サロンの活動

「三島市民サロン」は、私たちのふるさととは何であり、文化とは何であるかを考える会であり、当時の三島を代表するリーダーや文化人の集まりであった。後に「三島ゆうすい会」や「グラウンドワーク三島」の創設にご尽力いただくことになる多くの先輩が関わっていた。中心的なメンバーは、村上信吾、中川和郎、川村博一、山岡修一、渡辺和信、渡辺善治らの各氏であり、司馬遼太郎氏や小沢昭一氏などの著名人を招聘しての文化講演会を数多く開催し、三島の全国的なPRと文化度の向上に努力してこられた。

その特筆すべき成果は、「わが街三島」の映画化である。故郷とは何かを考え、変貌する「水の都・三島」の現状を「一九七七年の証言」として後世に伝えていくためにつくられたものだ。監督は、三島在住の五所平之助氏であり、ナレーターを久我美子氏が担当し、詩人の大岡信氏や児童文学者の小出正吾氏が出演している。

私が三島ゆうすい会やグラウンドワーク三島の市民活動を始めるきっかけとなったのが、この映画のビデオ化を通して中川和郎氏と知り合えたことだ。彼から、三島市民サロンを通して絆を深められた数多くの人々を紹介していただき、それが組織基盤の強化と発展につながっていった。

この映画に出てくる、荒れ果て汚れた三島の風景は悲劇的だ。懐かしき昔の原風景との対比はあるものの、「一九七七年の証言」は、「水の都・三島」の環境再生への限界に警鐘を鳴らしているように感じた。私自身にとっては、この現実を直視し、どうすればこの難題が解決できるかを真剣に考えるきっかけとなり、生きた「負の教材」となった。先輩たちの当時の三島を愛する熱き思いを感じつつ、環境再生へのバイブルとしてしっかりと受け止め、継承していきたいと考えている。

●『三島の構図』と『三島いまむかし』

『三島の構図』と『続三島の構図』は川村博一氏の本である。三島の将来について様々な先進的なビジョンが、国内外の成功事例を含め紹介されており、三島の街再生への数多くの独創的な提案がなされている。私が「アクションプラン」を策定する時に、氏の本は大いに参考になったし、いくつかのアイデアは源兵衛川の親水公園化に活かされている。

『三島いまむかし』は秋津旦氏の本である。三島の歴史・地理を語るものであり、水・道・川などについての紹介と説明がなされている。私は、グラウンドワーク三島の「環境創造活動の教則本」だと考えている。街の歴史的・文化的・史跡的な価値と存在を知らずして、本当の街づくりはできない。街の財産がどうなっているのか、その時代的・社会的な背景と実態を学び、認識することから活動は始まる。

ここに紹介されている現場は、時代の変動の中で地域から忘れ去られ、消滅の危機に瀕しているものが多い。まさに三島の宝物が壊され、消えていこうとしている。グラウンドワーク三島の将来的な活動の資源でもあり、課題でもある。時代経過と先人の思いをよく学び、保存の努力を続けるものである。

何か新しいことを発意し実現していくプロセスには、先輩たちが何を考え、どうメッセージを伝えてきたかをしっかりと学ぶことが大切だし、その場所を再生保全し、次の世代に継承していくのが私たちの義務と責任だ。そんな意味合いにおいても、これらの本は、「歴史的資源・活動情報の基盤」といえる。

●(社)三島青年会議所の活動

グラウンドワーク三島のスタッフの三〇％以上が、(社)三島青年会議所（ＪＣ）のＯＢか現役メンバーである。三島ＪＣメンバーとの密着性と信頼関係が、グラウンドワーク活動の「力の基盤」だ。私が、三島ＪＣと関わった平成四年前後、街づくりの活性化について多くの提言と具体的な活動を推進していた。

例えば、楽寿園(三島のセントラルパークに)、水(潤いのある街づくりに向けて)、箱根西麓ビジョン(魅力を活かした街づくりに向けて)、広域問題、環境・文化、女性青少年などである。これらの考え方と活動内容にはグラウンドワーク三島の活動理念との合意点が多く、一体化した組織づくりへの必要性についても賛同者が多かった。

特にホタル祭りについては今も発展的に続いており、三島JCがその基盤をつくり、それを受け継ぐ形でイベントに拡大し、今では三島ゆうすい会や三島ホタルの会、商店街などを含めた市民祭り的な位置づけになっている。私も、沼津東高校の先輩である小野徹氏の依頼により、「水の勉強会」の講師として、深良用水や富士山の地下水の話など、新旧の理事メンバーに折にふれて説明していた。終了後開催される恒例の飲み会では、メンバーとの「街づくり談義」が華やかに催され、多彩なアイデアが情報交換された。私もちょうど源兵衛川再生プロジェクトへの仕掛けの途上であり、三島JCとの付き合いは新たな人的なネットワークを形成していくための千載一遇のチャンスとなった。

●熊本への水の旅

とにかく三島JCメンバーとの議論の中で、「水の都・三島」復活への夢の実現は、メンバー共有の目標であることが確認された。そんな折、小野徹氏から熊本への視察研修の提案があり、三島JCの新旧役員メンバーと一週間にわたり「水の旅」に出掛けることになった。参加者は、小野徹、藤幡俊量、石渡浩二、藤巻哲雄、秋山峰治、飯田基一の各氏などであり、その後も含め理事長及び副理事長経験者である。熊本県における水資源保護の施策や県庁や工業団地、個人宅に設置された雨水浸透施設の見学、旭志村のホタルの保護対策、柳川など水を活かした街づくりの視察などを行った。ここでの体験と情報は、参加者同士の活発な議論を経て、その後に策定された「水の都・三島再生へのアクションプラン」の根底を形成する考え方となった。

また、この時の同行者が、その後も続々と三島JC理事長やPTA会長、三島商工会議所青年部会長、その他市民団体代表者に就任し、グラウンドワーク三島のパートナーシップ形成の人的ネットワークの先導役・結節点として重要な役割を果たしてくれた。彼らの存在なくしては、グラウンドワーク三島の発展はなかったと思う。JCは四〇歳になると卒業する。しかしグラウンドワーク三島はその後の社会貢献活動の「新たな受け皿」としての機能を果たしており、彼らのJC時代の経験は組織の基盤強化と拡大に大いに貢献している。

特にこの旅の成果としては、その後、三島ゆうすい会や三島ホタルの会をともに仕掛け、動かしていった秋山峰治氏との深い信頼関係が生まれたきっかけとなったことである。彼との付き合いは、この視察を通して発意された、雨水浸透枡を熊本県の企業から購入し、御殿場市や三島市、SBS三島マイホームセンターなどに三〇基設置することから始まった。この実証実験は、地下水涵養対策の重要性を具体的な形で三島市民に訴えることになり、その影響力は大きく、その後、県内で最初の「雨水浸透枡設置補助制度」の制定など各種の地下水保全対策の実施へと連動していった。

●英国グラウンドワークへの海外視察

平成五年五月二三日から三〇日まで、グラウンドワーク活動の発祥の地である英国に海外視察に出かけた。この旅では、英国におけるグラウンドワーク活動の最新情報と最先端の活動現場を視察することによって、今後の三島における「日本型グラウンドワーク活動」の基本的な方向性と具体的活動のアクションプランを策定することを目的としたものだった。

当時、英国内には三〇余のトラスト（地方の活動拠点）があり、都市の再生整備、子供たちへの環境教育の実践、歴史的遺産の保全再生、都市と農村の交流、工場敷地・荒れ地・遊休地の環境改善整備事業等を実施していた。これらはすべて議論だけに終わらず、市民が実際に現場に入って体を動かし、汗を流し、アイデアを出し合い、行動し、具体的な成果を残していくものであった。

まさに、三島が志向している街づくり手法と基本的な考え方がマッチしており、この視察を通して、グラウンドワークの具体的なノウハウや法律的な裏づけ、推進体制、資金調達の手法、行政や企業へのアプローチ、実践的な環境教育の中味、トラストの役割などを学んだ。

とにかく、英国の美しさと歴史や景観を大切にする国民性を実感した。参加者は、グラウンドワーク三島の参加団体の関係者を中心として一八名だった。当時、静岡新聞社三島支局長であった榛葉隆行氏が同行取材され、英国グラウンドワーク情報が新聞記事として、県内に発信された。この報道がきっかけとなり、三島での私たちの活動が県内、県外に広報された。

また、三島の女性たちの知恵袋が創り出したオリジナルの『バイリンガル環境かるた』を持参して、楽しみながら環境を考えようと、子供たちとの交流を深めた「グローバル文化交流協会」の小松幸子・水野幾子の各氏の実演も楽しく大好評だった。現地のトラストスタッフとの交流会は、大変楽しいものであり、言葉も不十分なのに、スコップを持って現場で活動している仲間同士の親近感により、楽しいパーティーが催された。

特に、オールダム・ロッチデールトラスト所長であるロビン・ヘンショウ氏とは親交を深め、以後一四年間にわたり、相互に行き来している。こ

英国のグラウンドワーク視察

の視察旅行は、グラウンドワーク三島の活動の原点であり、その後の活動の方向性を揺るぎないものとした活動基盤形成の旅だといえる。また、参加者との交流も継続され、コンサルタント、国際交流、女性団体や子供会・老人会活動、行政・議会活動、企業の社会貢献活動など、多様な分野で活用・拡大されていった。

3 英国で始まった「グラウンドワーク」を導入・実践

3.1 立ち上がった三島っ子

活動が始まろうとしていた平成三年当時、「水の都・三島」は存亡の危機にさらされていた。かつて一年じゅう富士山からの湧水が噴出して涸れることがなかった「楽寿園・小浜池」は、乾いた池底を見せ、松尾芭蕉が「紫陽花や三島は水の裏通り」と詠んだ市内最大の湧水河川・源兵衛川も、ゴミの放棄や雑排水の混入により汚れ、傷ついてしまっていた。

その理由として、行政の対応の遅れや、地下水を利用する企業の責任、市民の無関心など、様々な原因が考えられる。しかし、原因や責任の所在を問題にしているだけでは、これまでの多くの市民運動がそうであったように、対立や誤解が先行して、犯人捜しをするだけの感情的・情緒的な市民運動になってしまう。それでは抜本的な問題解決には至らず、結果的に事態はなかなか好転しない。

そこで三島では、市民の内発的な問題意識に裏づけされた市民発意による市民運動が起こった。すなわち、市民運動の中に行政や企業を取り込むことによって、三者の知恵とパワーを有機的に結合して、新たなる市民活動のスタイルと手法の確立に挑戦したのである。

すなわち、ふるさと三島の地域環境の危機的状態が、活動の「原動力・発火点」になった。私たちが大切にしてきたふるさとが、変わり果ててしまい、とても「水の都」とはいえない厳しい現実を実感し、行政や政治への無力感と不信感が増幅するにつけ、市民パワーの集中的な結束力と爆発力を誘発したのだ。

3.2 活動の理念となる戦略プランを提案

「水の都・三島」の再生に対して、グラウンドワークの手法を使い、変革の具体的な作業に着手することになった。しかし、環境悪化の現状や問題点をいくら賛同者同士で共有し合っても、次の段階として、一体何から取り組んでいったらよいのかと問われた時に「確固たる指針」がなくては、賛同者は納得し協力してくれない。感情的で情緒的な市民活動は、当初は派手な活動を展開するが、時間が経過するとともにあれもこれもが始まり、目標が定まらず、迷走し、役員同士の考え方の不都合が発生し、組織の結束力や基盤が脆弱化していくのが世の常である。

そこで私は、賛同者や支援組織に対して、私が考える今後の活動の理念・目標・方向性、さらに具体的な事業計画などをまとめた「戦略プラン」を提案し、様々な関係者の意見やさらなる提案を加味し、その熟成度を上げていった。今考えると、この提案書が中長期にわたる「活動の基本方針・バイブル」となり、様々な賛同者との意見交換や意思疎通の「要の役割」を果たしたのではないかと考えている。

やはり、物事の最初は、現場の実情を十分に把握した上で、専門的な知識や多彩なアイデアを駆使して、かなり醸成されたレベルの高いプレゼンテーションを作成しなくては、効率的で多様性を内在した活動は始まらないと思う。以下、当時の提言書を参考に示す。

三島の素敵な水辺づくりから地域づくりへの提言書（平成三年六月一六日）

三島ゆうすい会　事務局長　渡辺豊博

はじめに

有限の人類共通の貴重な財産である地下水。今同じ流域に住む私たちが共通意識を持って、その保護運動に立ち上がるべき時期にきている。特定地域の経済的発展ばかりを優先していては、富士山を流域に持つ全体の地域活動は次第に下流側から、減速して流域全体が衰退化してしまう。

この中で、水が消滅する最初の犠牲者は、私たちの「ふるさと・三島」なのだ。

このままでは、次世代の三島っ子に、水への思いと憧れの気持ちを引き継ぐことが出来なくなってしまう。取り返しのつかない、危機的な状態が次第に近づいている。今こそ三島っ子よ、三島の湧水復活に向けて立ち上がる時が来ている。以下、水を街づくりに活かし、水を守り、育てる各種対策をまとめて提言する。

1　三島湧水の過去と現在

「水の都・三島」・「水網都市・三島」・「水と緑と文化のまち・三島」とまさに街全体が豊かな水に溢れているような錯覚に陥る言葉が氾濫している。それが、かえって今の三島の水の現状を物語っており、寂しさを禁じえない。昭和三二年以前は、前述のごとく街全体に富士山からの湧水がいたる所で噴出していて、川は子供たちの絶好の遊び場であり、一〇分も入っていると手足の感覚が無くなり、唇も紫色に変わってくるほどだった。

そんな中で、川にはザリガニやハヤなどの多くの小動物が生息しており、捕獲の楽しみと感激で痺れの感覚も麻痺して遊び回ったものである。水面を見ると、まるで水が空気のように思えるほどに澄みわたり、三島梅花藻やセリ等の水生植物が繁茂して、その色彩はひときわ鮮明で美しいものであった。あの清冽で豊かな三島の湧水は、一体何処に行ってしまったのであろうか。

今では、水量も少なくなってしまって、家庭雑排水の混入やゴミの投棄もあり三島の「顔」いや「心」と言える川が、悪臭を放ちゴミ捨て場と化している状況である。

行政側では、この状況をこう説明している。「近年の上流流域の経済活動の活発化により、富士山からの地下水が汲み上げられ、そのために下流地域である三島の湧水量が減少したのである。今後、この傾向は続くと思われる。もう私たちの故郷三島では、昔のような姿にはもどらないんだ」と何かにつけて、水の話題になると当局より説明される。

さらに、「今まで三島の湧水の顔・誕生の地と呼べる楽寿園・小浜池の湛水化を目的に様々の角度から、検討と実験をかさねてきた。しかし、未だその名案は見出せず、ますますその問題の難しさを思い知らされているところだ」と現状の行政側の努力姿勢を、以上のごとく肯定的に説明している。

この状況に、三島市民も慣れ、自分自身が川を汚す加害者にもなっていることも忘れ、水への憧れと拘りの思いを諦めの心に変えてしまっているのであろうか。現在、三島市民からの強く激しい「三島の水・復活運動」は具体的に出されておらず、その動きは感じられない。

このままでは、次第に砂漠化の傾向が強まり富士山流域に旱天が続いたら、一度に「水の都・三島」は枯渇状況に陥り、カラカラの川が寂しくその虚しい川底を露出することになってしまう。もうその、病魔は次第次第に三島全体に忍びよっているのである。

今こそ、私たち三島市民がこの状況をよく理解して、年一回の河川愛護である川の大清掃に参加することに満足しないで、「三島湧水復活」に向けて具体的な行動に立ち上がる時が到来していることを十分に認識すべきである。

2　水を活かした街づくりへの提言

三島市のスローガンは、「水と緑と文化のまち」である。しかし、現状の三島市の状況はどうであろうか。市民の誇りと言える富士の湧水も減少を続け、なす術もなく時を過ごし、また、箱根西麓の無秩序な開発による森林資源の減少を許し、いやさらに都市的な開発をより以上に進めようとする計画すら推進されようとしている。

三島市は、この水と緑が融合して独特な落ち着きのある三島の文化と生活を育んできた街である。水と緑が減少しようとしている状況下、三島の古来よりの文化も水の減少と共に消滅してしまうのではないのか。今の私たちが、三島の将来を担う「三島っ子」に引き継ぐべき、街の財産と宝物を失ってしまう事態が近付き始めている。

そこで、今こそ三島市民全体がこの状況を理解して、三島の水を復活する運動を積極的に推進すると共に、素敵で魅力的な街づくりを展開して、にぎわいのある活力ある三島を創るべく、三島の顔と言える水を活かした街づくりに立ち上がらなければならない時期ではないだろうか。

以下、そのための具体的な街づくりへの各種対策を提言する。

(1)　「湧水網都市・三島・水辺・水緑ネットワーク計画」の展開

三島市内には、昔は人間の毛細血管のごとく川が走り、各家庭には川側に洗い場や涼み台があり日常生活と川が密接に関係していた。しかし、今ではこの川も下水路化してしまい、私たちの意識から忘れ去られてしまった。

そこで、今回三島の街づくりのメインテーマにこの川の復活、整備を掲げ、豊かで美しい湧水をこの市内各川に流下させる計画を立てる。

まず、三島の川の機軸である源兵衛川、桜川、宮さんの川、御殿川などを中心として、これから分かれる支流、末端河川、そして小川までを対象として水辺整備や緑化整備を行う。このことで、三島っ子の意識から消滅してしまった川がよみがえり、死に果てた毛細血管に新鮮な水が走り、再度三島っ子の活力が再現されることを期待するものである。この各地区の川の整備を連結させて、三島市全体の「湧水網都市・水辺・水緑ネットワーク」を形成して、水を活かした街づくり計画を推進していくものである。

(2) 「都市と農村を結ぶ水のみち」源兵衛川親水公園化事業の推進

川に水が豊富にあったときには、人々は川辺でつどい、語り、憩う場であった。まさに、日常生活の中心ゾーンとなっていた。子供たちにとっても、安全で楽しく魅力的な公園のような場所であった。しかし、現在、人々は川から離れ、川の持つ魅力と優しさを忘れてしまっている。

そこで、今こそ三島市民の気持ちと関心をもう一度、川に引き戻すためには、魅力的な親水・水辺空間を創造する必要がある。本状況下、昭和六三年度に農林水産省により創設された「農業水利施設高度利用事業」により、特に下流農業地帯である中郷地域の農業用排水路としての機能が強い源兵衛川を、その水源である楽寿園内せりの瀬から温水池までの間L＝一・五㎞間をほぼ五億円の事業費により、親水化事業対象地区として整備する計画を立て、平成二年度より事業開始することとなった。

本事業のメインテーマは「都市と農村を結ぶ水のみち」である。農業用排水路として機能性が強い源兵衛川を整備して、広く都市住民に開放して、水と緑の潤い空間を提供しようとするものである。三島の水のほとんどは富士山の湧水である。この特徴ある水のわきいずる姿からその一生を、源兵衛川流域内を8ゾーンに区分してテーマ設定して表現する計画となっている。

① 「水の誕生」ゾーン

源兵衛川の水源、楽寿園内せりの瀬を視覚的に認識でき、さらに気軽に親しめる場とする。

②　「水の散歩道」ゾーン
子供たちは川の中での遊びをとおして、水の大切さと親しさを感じる場とする。
③　「水と思い出」ゾーン
宿場町としての三島の歴史を感じさせる場とする。
④　「水と出会い」ゾーン
橋を通じて川との触れ合いの場を提供する。
⑤　「水と文化」ゾーン
芸術、文学における水との関わりあいを表現する。佐野美術館と連続する文化ゾーンを形成する。
⑥　「水と暮らし」ゾーン
庶民的な川沿いの住宅地という場の持つ雰囲気を活かし、日常的な川との触れ合いの場とする。
⑦　「水と農業」ゾーン
水辺の横に青空市場を設け、農産物の販売を通じて水と農業との関わりあいを知ってもらう場とする。
⑧　「水と生命」ゾーン
農村部へ供給される水は都市部の人々による、水への関心の深さによって守られているとの認識に立って、様々な水生動植物や淡水魚を放流して自然野外水族館（観察館）的機能を持たせると共に、水質を監視する場とする。このことで、長期的計画として楽寿園、三嶋大社に次ぐ第三の森を創設して、農業、自然学習園を含めた市民の森を作り、温水池に自然の増殖、復元を図る。

今後、市民からの幅広い意見と要望を吸収するべく「源兵衛川高度利用事業推進協議会」や学識経験者で組織する「計画策定懇話会」の意見を参考として、「水の都・三島」にふさわしい水辺空間の創設に努力していく計画となっている。尚、上記事業はすべて国・県の補助事業である本高度利用事業の範囲で対応できるものではなく、三島市の単独予算費を投入しなければ全体計画の現実化はあり得ない。

今後、三島市の新しい水の顔たりうる事業であるし、商業地域の活性化の起爆剤になる可能性を秘めているので、この具体化に向けて、三島市民の奮起を期待するものである。

(3) 「水辺づくり」から「地域づくり」への市民組織の活動

上記、源兵衛川親水公園化事業を中心とした湧水網都市づくり事業の実施は、現在の私たち三島っ子が後世に残す三島の新しい水の顔と言えるもので、大きな意味で地域づくりである。

このために、行政側が誘導し、押し付ける上からの計画ではなく、市民の水への思いや、考えが的確に吸収、反映された主体性のある「三島らしさ」が含蓄されたものでなくてはならない。また、今後、出来上がっていく各種施設を愛し、守り、育てていくのも市民自身であるわけで、単なる「水辺づくり」でなく、広く「地域づくり」「人づくり」になっていくものである。

そのために、市内各層からなる様々な市民組織をこの機会に結集、組織化して、私たち自身の意見や要望を収集、整理して、行政側にその内容が具体的事実として反映されるまで、強く着実に要求していく必要がある。

これまでは、とかく三島市民は受け身の立場が多く、積極的に自分たちの意見を行政側に要求してこなかった。今こそ、市民共通の水問題に限っては、強く、激しく、執念を燃焼させて、私たちの意向を訴えていくものである。

この運動を通じて、市民意識の自立性が培養され、市民自身の問題意識による水を活かした街づくりが、「水の都・三島」で、真に始まるものである。今こそ、三島市民の具体的な取り組みを期待するものである。

3 「水の都・三島」復活への具体的提案

(1) 地下水の保全と涵養対策事業の実施

① 雨水浸透桝

水田地帯や山林地帯の宅地化、道路等の舗装化により降雨時においては、地下に浸透することなく、一度に河川に水が集まり洪水被害を及ぼしている。しかし、逆に地下は乾燥、砂漠化して地下水の涵養量の減少を発生させている。そこで、まず家庭内に降った雨水は最低は地下に帰してやろうとするのが、雨水浸透桝の発想である。現在、全国的にこの運動が広がり、行政側でも設置補助金を支出してその普及に努力しているところが多くなってきている。積極的に実施の地区としては、熊本市・松戸市・山形市・秦野市等があり、着々とその設置個数を増加させている。

目立たない事業だが、特に水源涵養域となっている河川上流域でこの事業を、実施してくれると、長い時間には、その効果は大きいものがある。川上・川下すべての住民が水を守り、育てようとする共通の認識にたてるような努力が益々必要とされる状況である。

② 還元用井戸

地下水には河川表流水のような水利権が無く、土地の権利に付随した権利として保証されており、地下水の規制地域でなければ自由に利用することが出来る。そのため、地下水を利用する企業は自分勝手に自由に利用しており、使用後は河川に放流している。これでは無限でなく有限である地下水の現状に甘えており、使いぱなし、汚しぱなしでは人類共通の財産である水を使う権利と義務を有する資格が無いと思わざるを得ない。

そこで、特に冷却水や温調用水として地下水を利用している個人や企業は、水質的に問題が無い場合は、再度、地下水層に還元してやろうとするものである。今後、各個人や企業を含め、地下水を使う者の共通の認識・義務として、還元用井戸の設置を拡大する必要がある。

③　透水舗装

現在、ほとんどの道路や歩道は不透水性の舗装がほどこされており、雨水は地下に浸透しなくなっている。そのため、大雨時には一時に側溝に水が集まり洪水被害を誘発している。そこで、歩道や公共施設（学校・県庁・市役所等）の駐車場を透水舗装に整備して、水を大地に注ぎ、潤いを持たせることで、地下水の涵養対策と洪水対策を推進する必要がある。

また、新規宅地開発・工業団地造成時・ゴルフ場建設時には、土地利用規制上からも透水舗装の実施を義務づける必要がある。

④　地下浸透ダム

逆転の発想と呼べるダムである。水を漏らさず溜めるダムでは無く、積極的に地下に河川水を「漏水」させようとする新しい考えのダムである。

特に、富士山麓の河川や草原流域においてこの発想を駆使して「浸透性ダム」の建設や「浸透性溝」の設置を実施すれば、下流域への地下水の涵養上も有効な施設になり得る。

⑤　畑面の雨水浸透対策

現在、畑地帯はそのほとんどが、ビニールハウスやマルチ状態で覆われ、深耕量も少なく、その地下浸透能力は非常に弱くなっている。そのために、降雨時には一気に水が流出して土砂流となって下流地帯を襲うことが多くなった。そこで、旧来より畑地帯が持っている保水力と涵養力を増加させるために、以下の対策が考えられる。まず、心土破砕（スキ床層破砕）による涵養能力の増加である。つぎに、ビニールハウスの屋根に集まった雨水の集水による地下還元である。これらにより、雨水の急激な流出は弱まり、さらに地下水の涵養対策にもつながりその効果は大きいものがある。

今後、行政側の具体的な研究と検討が望まれるところである。

⑥　水源涵養林の造成

水を保ち、育て、守るのは、森林の重要な役割である。上流域の森林保護により、水源が維持されてきた下流地帯。今後は上流域の村の過疎化や林業不振によって、山の維持が困難になってきている。

そこで、森林の恩恵をもっとも多く受けている下流地帯が積極的に森林地帯を守るべく、水源涵養林の造成を行う必要があり、そのために、分収契約や森林買収による複層林の造成、また、下流市町村の経費負担による上流地帯の植林・間伐対策の実施等が必要とされる。

今後は、上流の山は下流の人々が守っていく意識が重要となる。

⑦　水源涵養用水田の確保

駿東地域の事例では、灌漑期に芦ノ湖の水を供給する深良用水の灌漑用水が地域の水田に配水されると、周辺の地下水井戸の水位が一ｍくらい上昇すると言われている。このように、稲の成長に欠かせない農業用水が広く地域の地下水の水源涵養水としても重要な役割を持っている。

この他にも、その役割は多種多様の要素を内在しており、例えば、洪水時での一時貯水池（国土保全的・ダム機能）としての機能、周辺気温温暖化の防止、水田土壌と灌漑水の水質浄化、地下水の供給源としての地盤沈下の防止、等がある。現在、経済性の議論だけで水田の役割を議論しているが、今後、この水田が持つ多種多様の役割を念頭に置いた議論が必要とされるところである。

具体的な対策としては、休耕水田の行政側での賃借による水田灌漑水の湛水化事業の実施である。個人の管理では、裸地化して耕耘すら行われず、そのうちに、宅地化してしまい涵養域としての機能が消滅してしまう。これを、防止して、その機能を行政側で確保、維持しようとするものである。

(2)　地下水の節水対策事業の実施

①　雨水の洗浄用水への再利用

熊本県の新設高校では、雨どいを通じて地下の貯水槽に貯溜後、濾過機を経由して屋上にあるタンクにポンプアップしている。これを、トイレの洗浄用水として使用している。一般的に、学校で使う水の五五%がトイレで使う水。この内、四〇%近くを雨水でまかなえることとなる。月の水道料金が四~五万円、普通の場合の四分の一と聞く。特に、今後建設予定の公共施設では、積極的に雨水のトイレ用水や雑用水への利用を検討すべきである。

このことが、学生へ水有限説を理解してもらう絶好の学習の機会となり、節水意識の啓蒙上も効果があると思う。

② 下水道処理水の農業用水への活用

安定的な農業用水源の確保が湧水を水源に持つ地域では、重要な問題となっており解決のための具体的な方策がみつからないのが現状である。

そこで、地域内にある下水場の処理水を再利用して、現況の農業用水と混合して水質的に問題が無い範囲で有効利用しようとするものである。今後、大規模な公共下水道処理場が建設されていくことであるから、本施設から放流される処理水の安価な二次処理方法を検討し、農業用灌漑用水の再利用ばかりでなく、広く「中水道の水源」としてリサイクルしていく必要がある。

③ 節水コマ、節水機器の普及

蛇口をひねれば、いつでも自由にどれだけでもすばらしい水が飲める。日本では当たり前のこととなっている。日常的には、あまり節水について考えず、あちらこちらで水の無駄遣いをしている。水・地下水の有限性を家庭や学校さらに企業でも考えて、節水意識の徹底的な対策を考える必要がある。そのために、家庭内での、節水コマの普及を奨励する。これは、一種のゴムパッキンで家庭内の水道の蛇口内に設置するものであり、強い水圧が継続的に蛇口にかかると、水量が少なくなる装置で、単価も安価なものである。

このような、日常的なレベルでの対策の検討も必要とされる。

④ 地下水利用協力基金の創設

上流・下流地域内にある地下水利用の企業は、富士山からの豊富な地下水の恩恵に共有的に浴しているとの、認識に立脚して、地下水利用税の協力をお願いして、これを地下水保全対策事業の運用資金に活用する基金の創設を提案するものである。企業のイメージが重要視される今日、地域の有限性ある共通財産の維持への賛同と協力は十分に理解していただける問題と考える。

(3) 地下水保全総合対策事業の実施

① 地域地下水保全対策委員会の設置

流域上下流地域の関係市町村の代表者（行政側と市民）・学識経験者・農林水産省・建設省・通産省・県等を含めた組織を発足させる。この中で、地域内の地下水の現状と問題点を討議して、地下水保全対策の具体的検討を進める。川下と川上からの発想の共通点を探しだし、地区の情報を交換し、お互いに地下水利用者としての理解を高めあう場の創設は重要と考える。

② 地下水保全対策基金等、自然環境保全基金の創設

地下水の保全と涵養に関わる各種施策の速効的実施を支援するための基金（熊本では七億円を創設済）を、県や市町村にて創設する必要があると考える。

③ 水ネットワーク組織の創設

水に関わる住民運動組織の横の連携を取るために、情報交換を実施するための「水ネットワーク組織」を作り、発言力のパワーアップを図る。

(4) 行政側の具体的かつ緊急的な対策事業の実施

① 「水専門部局及びスタッフ」の市行政組織内への設置

何の事業を実施するにも国の縦割り行政の仕組みが強く浸透しており、横の連絡と臨機応変な素

早い対応に欠ける、今の行政組織、そして、水がメインであるべき三島なのに、それを専門に扱う部局が無いのである。これで「水の都・三島」と呼べるのであろうか。今こそ、分散化し、縦割りの水行政を総括調整する専任スタッフの設置と部局化が是非とも必要とされ、行政側にも水への拘りの姿勢が要求されるところである。

② 「三島市・水資源調査」の実施による三島市地下水流動の自然科学的、社会科学的側面からの調査研究の実施

三島市及び周辺における地下水の流動機構、流動量及び地下水量等を総合的に調査・研究して現状の水利用の実態把握を行うと共に、上流地域を含めた産業構造、地域社会の変動把握も行う。これにより、三島市地下水（湧水）の全体像が明確化し、局部的対応にならない総合的な水対策の樹立が可能となる。

③ 「湧水網都市・三島整備構想」の策定と実施計画の推進

二一世紀への「水の都・三島」にふさわしい街づくりのシナリオ（具体案）を市民アンケート調査と計画検討委員会の意見を踏まえて策定する。このことで、水を活かした素敵な街づくりの総合計画を策定して、順次、その年度別実施計画に準拠して、具体的な事業実施を市民の協力の下、着実に推進していく。話し合いをやったら良いでは無く、どんな問題があっても、努力して解決し、必ず実現するまでやり遂げるものである。

④ 「恒久水源確保対策調査」の実施

水復活への具体的対策を、1．河川表流水（大場川・黄瀬川・境川等）の浄化導水、2．地下水の利用、3．企業放流水及び余剰水の再利用、4．新規水源開発による利用、5．その他水源の利用に分類し、その問題点と解決方策を調査、検討する。このことにより、恒久水源確保の可能性を探る基礎資料とするものである。

⑤「地下水涵養対策調査」及び「地下水涵養モデル事業」の実施

上流地域の地下水の汲み上げで奪われる地下水。今、その減少し続ける地下水を少しでも増加させるためにはどの様な「地下水涵養対策」が考えられるのかを先進地の事例を含め調査、研究する。また、市単独費による地下水涵養モデル事業を創設し、雨水浸透枡、浸透舗装、公共施設での雨水地下還元等実験的な事業実施も行う。

⑥「東レ（株）の冷却放流水」の再利用

現在一日約五~七万m^3が大場川に放流されている東レ(株)の工場排水（洗浄水及び温調用水）を再利用し、楽寿園小浜池や市内河川へ導水、放流する。しかし、現在の工場排水は水質的な問題は無いが、もしものことを考え、水質浄化施設を行政側で設置して、危険負担を企業側に負わせない仕組みとする。

さらに、将来的には、地下水脈への還元も技術的側面から検討していく。

⑦「三島の水を守り、育てる市民組織」の育成

三島の水、復活への努力は行政側だけで出来るものではない。市民と行政側が一体となった運命共同体の意識が是非とも要求される。そこで、市民側においても自分たちの問題意識として、この水問題にどのように取り組むべきかを議論し考える組織の存在が必要とされる。

そのために、水に関わる様々な組織を育成して、意識の高揚と水問題の理解力の向上を図り、自分たちの街はどうすれば良くなるのかを検討する機会づくりとなる。

市民組織の具体的な事例

- 「三島ゆうすい会」…三島の水を考え、守り、育てる会
- 「三島ホタルの会」…水質のバロメーター、ホタルを三島の川に帰す会
- 「源兵衛川を愛する会・桜川を愛する会」…河川愛護の精神で川の清掃、美化を行う会

・三島青年会議所「豊かな水ビジョン委員会」…ホタル祭り等水イベントの展開を今後考えられる市民組織
・駿東地域「地下水を守る連絡協議会」…流域全体の町内会長の会
・「川をさかのぼる会」…各河川の川を歩く会
・「ホタルの会」…各河川ごとにホタルの里を作る会等

以上、三島ゆうすい会がスタートした当初の提言書を参考に示した。この内容は、今でも余り風化しておらず、グラウンドワーク三島の活動も含めて、その活動内容の根幹的・終局的な方向性を示唆している。現在までの活動を総括すると、提言内容の六〇～七〇％までの事項が、現実化、制度化されている。多くの賛同者の議論の蓄積から生まれた戦略プランの「実効性の高さ」とそれを具現化してきた「機動力・推進力」の強さだといえ、市民集団の「情熱と行動力」が、それらの成果を生み出していったのだと思う。また、行政や政治の力を活用し、それらも巧みにマッチングさせ、事実関係を蓄積していった効果でもある。

特筆すべき成果としては、「湧水網都市三島・水辺・水緑ネットワーク計画」や「水辺づくりから地域づくりへの市民組織の活動」は、街中がせせらぎ事業となり、「雨水浸透枡、天水尊、節水コマ」は、三島市独自の補助制度の制定に結びついた。特に、「水専門部局及びスタッフの市行政組織内への設置」については、水とみどりの課やプロジェクトチームの編成、グラウンドワーク活動担当課の設置など、行政内部の横割組織の編成を誘発し、効率的な組織体制への変更を誘導した。これこそがNPOと行政との協働の理想型といえ、行政が組織の形態を変えずに、NPO側と対等に対応することはあり得ず、相互の変革がパートナーとなるための前提条件であるといえる。

3.3 市民組織のネットワーク化に着手

そのような中で、ふるさと三島に思いとこだわりの気持ちが強い約七〇人の市民が発起人となり、「三島ゆうすい会」が、平成三年九月に設立された。この会が「グラウンドワーク三島」の基軸・礎となる組織母体であり、現在、会員数約三〇〇人を有する、水の活動を主体とする三島市内最大の市民組織となっている。

会の代表には、三島ロータリークラブ会長、佐野美術館理事長、三島高校理事長など三島市を含め多くの役職に就かれておられる緒明實氏にお願いした。会長就任までのプロセスには、三島市民サロンを運営されてきた相談役の中川和郎さんなどに助言をいただき、実現にこぎつけた。新たなる力強い市民組織の設立にはトップの人選が非常に重要な要素となり、その方の経歴や立場が直接的・間接的に会の信頼性や社会的な評価に反映されることになる。グラウンドワーク三島の組織力の強靱さは、その基盤となっている三島ゆうすい会を構成するリーダーたちの人間的・社会的な信頼性に依るところが大きく、組織の顔を誰にするかが組織発展の第一歩だと思う。

この他にも、詩人の大岡信氏、女優の冨士眞奈美氏など、ふるさと三島出身の著名人が、顧問に就任していただけた。彼らの「水の都・三島」再生への提案は実に斬新で的を得たものであり、水を活かした仕掛けや水を意識させる意匠、景観形成への助言は、活動の基本的な指針ともなっている。

組織のネットワーク化は、まず、多彩な人間ネットワークをいかに構成できるかにかかっている。三島を再生させたいと思う強い意思と具体的で面白い構想が、三島のリーダーの賛同を得、この波紋が共鳴して大きな波を誘発していった。その結果として、多様な市民組織の連携と結集がなし得たのだ。

三島ゆうすい会の活動は、雨水を地下に浸透させるための雨水浸透枡の補助制度の提案、三島の地下水の仕組みなどを学ぶための水の勉強会の開催、水辺自然観察会の開催、三島ホタルの会や源兵衛川を愛する会、桜川を愛する会の設立支援などであり、水に関わる様々な視点からの市民運動を推進している。

しかし、環境問題というものは水の問題だけでは解決できず、多種多様で複雑な問題が重層的に絡み合っている。ある意味では横断的、重層的に関連しており、地域の環境全体を再生していくためには、水に特化した市民組織だけでは「限界がある」ことに気がついた。

そこで、総合的な「水の都・三島」の水辺自然環境の改善・再生を進めていくためには、より多くの市民組織とのネットワーク化と協力関係の構築が必要であると考え、具体的な取り組みに着手した。

3.4 バラバラな市民組織

一方、三島を代表する市民組織である（社）三島青年会議所、三島ホタルの会、源兵衛川を愛する会、三島商工会議所、中郷用水土地改良区なども、様々な問題点を抱えたまま「水の都・三島」の水辺自然環境の再生を目指し、独自の活動を展開していた。

しかし、それぞれがバラバラに水の問題に関わり、経費的な無駄や類似行事の実施等、散発的で非効率な活動が続けられており、市民活動も行政と同じく、横の連携と調整がない、縦割りの自己満足型の活動が進められていた。とにかく市民組織は自己主張型の組織が多く、何か新しい活動に協働で取り組むことに対しては、自己組織の保身と主張を優先することが多く、新たなる協働の関係づくりは難しい。

三島の水辺自然環境の危機的な状況は、どこの市民組織の代表者も何か新しい仕組みをつくり取り組まなければ、対応できないとは考えていた。しかし、その仕組みづくりを共通の問題として話し合う場を提案すると、自分たちの活動が忙しく、時間的にも精神的にも余裕がないと断わられた。

3.5 ネットワーク構築へのプロセス

そこで平成四年頃から、三島ゆうすい会が呼び掛け組織となり、街づくりや地域の環境改善活動を進めている八つの市民組織に対して、相互にネットワーク化することによって新しい情報交換の場や意思疎通の場をつくり、共存共栄が図れる「市民活動相互補完システム」の確立を検討しようと話し合いを始めた。

まず、それぞれの組織で、水の問題に関わる事業を整理、分析して、事業内容的に類似している事業を抽出した。そして、これらの事業について、組織として今までどのように取り組み、今後どのように展開していくのかを検討し、個別の組織で実施するのか、ネットワーク組織で実施するのか、その効率性と現実性、資金的裏づけ、メリットとデメリット、具現化のための組織体制のあり方等について、時間をかけた粘り強い議論が重ねられた。

また、このような大きな組織をまとめていくためには、それぞれの組織の主張を尊重しながら、冷静な判断のもと、中庸的な意見集約ができる、中立的で行動力と先見性に富んだ専門性と楽天的な性格を持つリーダーの存在が不可欠だ。核になる個人か、核になる組織の存在なくしては、ネットワークの構築は難しいと思う。

このように、それぞれ独自の目的とポリシーを持っている様々な市民団体がネットワーク化するまでには、月に数十回もの話し合いを、約一年間以上も重ねてきた。「市民団体は行政の監視が役割であり、一体となった組織はおかしい」「企業とうまく付き合えるのか」「企業のメリットはあるのか」「違う組織同士が一緒になって仕事がふえるだけで、どんなメリットがあるのか」「利害者の仲介役・調整役という専門的で難しい仕事が現実的にこなせるのか」「多くの市民団体が連携できるのか」「行政の支援は干渉が心配で受けたくない」「活動資金の確保は」「事業計画として何に取り組むのか」など、議論は百出した。しかし、今思えば、市民団体のネットワーク化のメリットと組織相互の役割と立場を、認識・確認するための熟成・検討期間だったといえる。

3.6 難しいパートナーシップの構築

このような中で、これからの地域社会を支えていけるかどうかは、身近な生活現場の中で地域社会の構成員である市民・NPO・行政・企業が、対等な立場に立って運命協同体として何が一緒にできるのかにかかっている。「共通の理念・目的・志・目標」に向かって、関係者がどのような共有意識を持って物事の課題解決に取り組んでいけるかが、「パートナーシップ構築の成功のポイント」である。

最近、盛んに「パートナーシップ型」「協働・協調型」の地域づくり、街づくりの必要性や重要性が叫ばれ、概念的、総論的な言葉と必要論が飛び交っている。当然、多くの人々は、このような考え方や手法の重要性・必要性については認識している。

しかし、この課題を現実的・効率的に解決できる具体的な手法の提示と成功事例の実証となると、お寒いのが実態だと思う。地域特性や歴史性・風土性が違う全国各地において、共通・共有したパートナーシップ（連携と協働）構築の手法や特効薬は、いまだ決定打が見出せていないのが現実である。

夫婦二人すら円満な関係を持続させていくことが難しいこの世の中で、様々な思惑を内在する利害者・関係者同士が、仲良く、力を出し合って、パートナーとして活動していくことは至難の技だ。この新たな仕組みづくりを成功させるためには、お互いの利害と立場の違いを超越し、「相手の長所を認め、あるいは短所も尊重し合う、共存共栄の新たなる相互補完の仕組みづくり」が必要となる。まさに、利害者同士の意識改革と有機的な関わり合いが求められているのだ。

今後、パートナーシップの有益性の証明は、各地域において、その地域特性や歴史性・文化性にマッチングした様々なパートナーシップ構築のスタイル、具体的な環境改善活動を通して、現実化・具現化していけるかにかかっている。利害者同士の歩み寄りと相互理解、具体的課題に対しての行動力・実践力が問われる。今まで以上に多くの成功事例と成果の蓄積を推進するとともに、地域住民の評価と合意をしっかりと残すことが、連携と協働による新たなる市民社会構築のためのシステムとして定着させていける条件となる。

3.7 グラウンドワーク三島が胎動

このような経過の中、平成四年九月、それまでにはあまり関わり合いがなく、それぞれがバラバラに活動していた、三島ゆうすい会、(社)三島青年会議所、三島商工会議所、中郷用水土地改良区、グローバル文化交流協会、建築文化研究会、二一世紀塾、宮さんの川を守る会の市内八つの市民団体と三島市や地域企業などが一つになって、仲介型NPO「グラウンドワーク三島実行委員会」(平成一一年一〇月に特定非営利活動法人グラウンドワーク三島となる)が結成された。

活動のキーワードは、

① 豊かな環境づくりをテーマとして「住民アクション」を!

② 市民と企業、行政による「パートナーシップ」でもっとうまくいく！

③「環境を創造」していく具体的な環境改善活動を進め、成果を残そう、できるところから着実に！である。

これらのキーワードを軸として、市民・企業・行政の中心にグラウンドワーク三島が存在する。そして、三者が抱える問題点を集約し、解決への調整作業など仲介役としての機能を担うのだ。まさに、三島における、新たなる包括的な市民組織の存在が、グラウンドワーク三島の存在目的である。

3.8 グラウンドワーク実践地に選ばれる

平成三年、（社）環境情報科学センターは「第一回グラウンドワーク日英交流」を実施し、日本で初めてグラウンドワーク活動を紹介し、大きな反響を受けた。翌年には、環境情報科学センター内に「日本グラウンドワーク'92委員会」を設置することになった。

その後、平成四年九月に「第二回グラウンドワーク日英交流」が開催された。この時、英国グラウンドワーク事業団のスタッフ（エイドリアン・フリップス氏（前・田園地域委員会事務局長）、ロビン・ヘンショウ氏（オールダム・ロッチデール・グラウンドワークトラスト所長）、小山善彦氏（グラウンドワーク事業団研究員））と日本の専門家が日本での可能性を検討した。多くの候補地の中から、各地区のプレゼンテーションを経て実践地区として選定されたのが、静岡県三島市と長野県山形村の二地区であった。

英国のグラウンドワーク事業団の専門家たちは、熱心に現地調査を行い、グラウンドワーク三島が考えていた環境改善地区と実践手法の考え方を高く評価し、今後、日本でのグラウンドワーク活動を展開するのにふさわしい条件が整っていると判断した。

　そこで、より効率的にグラウンドワーク活動を推進するために、「一〇の課題」が指摘され、「一〇の提案」を受け、さらに「一〇の提案」への対応を助言していただいた。これらの指摘は、当時としては、視点・ターゲットが現実的でわかりやすく、地域の特性に基づいた総合的な仕掛けだと感じた。その後の一〇年以上に及ぶ活動の中で、この課題と提案は、活動の基本的な指針・戦略として位置づけられ、着実に具現化、実現化されてきた。

　このように、英国のグラウンドワーク事業団の具体的で的確なアドバイスを受け、私たちも英国の実践地区を三回にわたり視察団を派遣して調査研修することにより、活動の質と発展性が担保された。

　これまでの成果として、地域コミュニティをベースとした日本型グラウンドワーク手法の確立、二一の参加団体、三四のプロジェクトの実施、さらなる国内外へのグラウンドワークネットワークの拡大、グラウンドワーク活動への賛同者の確保につながっている。


英国グラウンドワーク事業団メンバーが視察

3.9 「一〇の課題」「一〇の提案」

●「一〇の課題」

1. 河川・水路の回廊化
水路網の体系的調査、景観改善、水辺案内板設置など

2. 地域遺産の保護再生
地域遺産の調査、建築物の改善復元など

3. 企業の環境改善
企業と学校との連携、やる気のある企業の発掘など

4. 環境教育
校庭に自然観察園の設置、教師に対するトレーニングなど

5. 農家への支援
休耕地の活用、余剰地の活用など

6. 自然保護
どんな自然が残っているかの調査など

7. レクリエーションアクセス
川の散歩道、散策路、水飲み場の設置など

8. 森林マネジメント
地域森林資源の活用、緑資源の調査、植生改善の検討など

9. 住民参加の促進
環境キャンペーン、意識向上、自治会での具体的活動の提案、組織化など
10. リサイクリング・環境モニタリング
環境状況のチェックなど

●「一〇の提案」

1. グラウンドワーク三島の目標設定と公表
ビジョンの明確化、問題意識の共有化
2. 他団体との連携促進
より広い連携の促進、様々な組織への働きかけ
3. グラウンドワーク・グループの発足
スケジュールプランの作成、地域代表者の組織化
4. ビジネスプランの準備
目標の評価と見直し、資金計画、スタッフ育成
5. プランの実践
市民への啓発、記録整理など
6. 活動母体の充実
事務局の設置、スタッフの確保
7. 活動経験の国内交流・国際交流
ニュースレターの交換、他団体との交流

8. プロジェクトマネジメント
事業維持管理の体制づくり、学習結果の啓蒙
9. 広報・宣伝
事業の広報、市民への宣伝、スポンサー確保
10. メンバー団体の活動リポート
個々の団体への支援メンバーの拡大

●「一〇の提案」への対応

1. グラウンドワーク三島の目標設定と公表
年度ごとの事業計画策定と公開
2. 他団体との連携促進
三島市内で八団体の連携、各プロジェクトにおける幅広い協力関係の構築
3. グラウンドワーク・グループの発足
グラウンドワーク三島実行委員会（後に特定非営利活動法人グラウンドワーク三島）の発足と成果を出し続ける活動の維持
4. ビジネスプランの準備
年度ごとの事業計画の策定、意志決定機関の設置によるスムーズな組織運営
5. プランの実践
一三プロジェクトの実施運営、新規事業の積極的開拓
6. 活動母体の充実

7. 事務所の運営、事務局員の確保
活動経験の国内交流・国際交流
8. グラウンドワークフォーラムの開催
プロジェクトマネジメント
9. 一三プロジェクトを継続、新規事業の実施
広報・宣伝
10. ニュースレターの発行、インターネットホームページ、テレビ・新聞・ラジオなどで活動を報道
各メンバー団体の活動サポート
講演会の実施、スタッフ同士の交流

3.10 アクションプランを策定

グラウンドワーク三島が最初に実施した活動は、「街のあら捜し・課題捜し」だ。三島市内全域を対象地域として、環境悪化が進行している要改善地区を調査、選定して、「要改善地区調査台帳」を作成した。最初の段階での要改善地区の総数は、一〇〇か所にも及んだ。ゴミ捨場化した空き地、雑排水がタレ流され汚れてしまった湧水河川、埋められ壊された歴史的な井戸や水神さん、絶滅してしまった天然記念物水中花の三島梅花藻、荒れ果てた鎮守の森など、ふるさとの宝物が危機的な状態になっている事実関係を、まざまざと実感・確認することができた。

この資料をもとに、グラウンドワーク三島のメンバーとともに何十回ものワークショップを繰り返し、具

体的な整備計画の概要策定や整備のための優先順位づけなど、今後の五年間に実行する具体的な「アクションプラン（行動計画・短中長期プラン）」を策定した。

これには、地域住民の考え方や整備上の法律的、利害的な課題、整備計画図の策定、概算工事費の算出、パートナーとなるべき関係団体の拾い出し、地域リーダーなどの情報収集など、今後の整備段階をイメージした諸条件の把握、分析も行った。

現在も随時このアクションプランの見直しを進めており、その地区の緊急性や要望度により事業着手の優先順位や整備内容についての変更を行っている。源兵衛川の再生から始まったグラウンドワーク三島の活動も、中心市街地での環境改善事業、さらには農村部や隣接市町村におけるビオトープや自然再生事業への取り組みなど拡大の方向に進行している。

これまでに活動が分散せず、計画的・段階的に無理なく、淡々と進められてこられたのは、まさに、活動の方向性・指針を定めたアクションプランの存在が影響していると考えている。参加団体のスタッフやプロジェクトリーダーが、年度別の実施プロジェクトの全体像や位置づけ、着手順位を確認できるし、この時点で何をしておくべきか、しておかなくてはならないかについても的確に把握できる利点がある。

3.11　組織体制づくり

推進のための組織体制は、まず二一の構成市民団体（39頁参照）から、活動の政策・企画立案集団となるコアスタッフ十数人を選び「コアスタッフ会議」を構成した。さらに、各参加団体より四〜五名のスタッフ約一〇〇人が出向して、各プロジェクトを具体的に実施していくための段取りや事業プランを策定する役割を担う「スタッフ会議」を設けた。現在までに、市内各所で三四のプロジェクトを実施してきており、それぞれに配置されたプロジェクトリーダーの指示のもと、スタッフの知の集積力で難問題を処理し、着実な成果を残している。

さらに、市民・行政・企業の代表者による「理事会」を構成し、各協議事項の最高合議機関となっている。

NPO法人グラウンドワーク三島の組織図

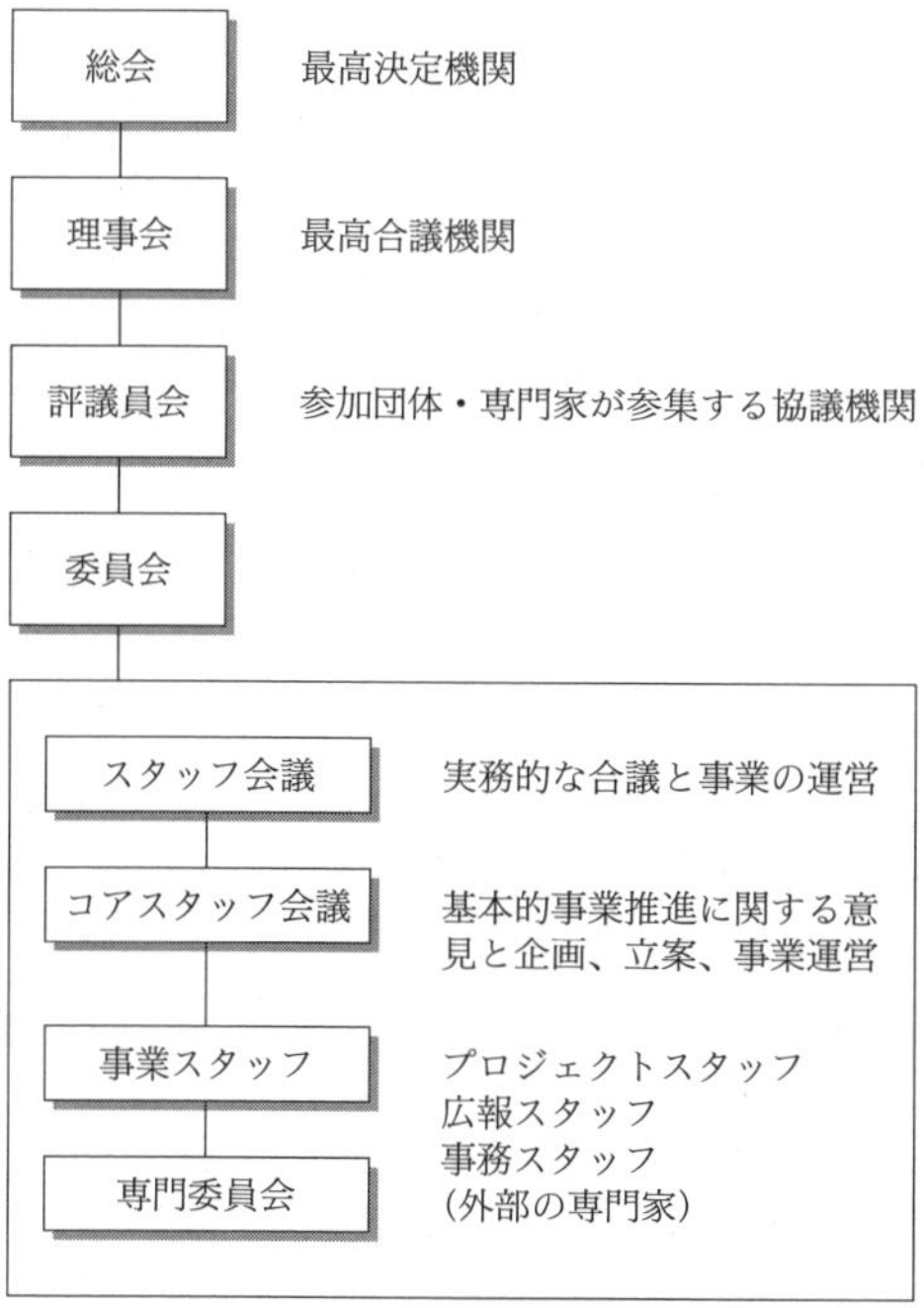

グラウンドワーク三島の参加団体

三島ゆうすい会	桜川を愛する会
三島ホタルの会	三島建設業協会
(社)三島青年会議所	富士ビレッジ楽しいまちづくり委員会
中郷用水土地改良区	日本大学国際関係学部金谷ゼミ
グローバル文化交流協会	三島まちづくり21
建築文化研究会	NPO法人ふじのくにまちづくり支援隊
21世紀塾	境川・清住緑地愛護会
宮さんの川を守る会	遊水匠の会
三島ワイズメンズクラブ	三島商工会議所
大通り商店街活性化協議会	三島市指定上下水道
源兵衛川を愛する会	工事店協同組合青年部

財政は、参加市民団体からの「拠出金」と個人からの「会費」、企業の「賛助金・寄付金」、行政の「補助金・委託金」などが収入源となっており、三島市からは毎年二〇〇万円の補助金を受け、約二〇〇社の企業から二〇〇万円程度の賛助金や寄付金を受けていて、全体の基盤的な経費は毎年八〇〇万円程度となっている。

グラウンドワーク三島は、まさにNPOの特性である迅速性、純粋性、行動力の利点を最大限に活用して、市民（地域住民）の要望や問題点を的確に吸収し、行政や企業を取り込んだ自立性と創造力に富んだ住民参加のユニークな解決策を考え、導く、調整役の役割を担っていく。また、行政や企業では効率性や経済性ゆえに対応できない地域に発生している問題にも、汎用力や柔軟性を発揮して、臨機応変に対応していく。

このようにして、日本で最初のグラウンドワーク活動が、「水の都・三島」の水辺自然環境の再生と原風景、原体験の復活に向けて動き始めた。グラウンドワーク三島は、ゴミ捨て場化した水辺環境の再生、絶滅した水中花三島梅花藻の復活、住民参加による川づくり、荒れ地のミニ公園整備、休耕田の自然環境教育園の建設、学校ビオトープの建設などを推進し、市民・行政・企業とのパートナーシップによる有益性と可能性を実証している。

これらの中でも、活動のきっかけともなり代表的な取り組みである源兵衛川のプロジェクトについて第2章に詳しく、また、それ以外のプロジェクトについては第3章に記す。

3.12 ネットワークのメリット

現在、参加団体は二一団体となり、スタッフは増加の一途だ。なぜ、グラウンドワーク三島は、限りなく組織拡大していくのだろうか。それは、「ネットワークのメリット」が明確であるからだ。財政的に脆弱で小さな団体でも、ネットワーク全体の力を活用でき、資金的・人的・専門的な支援や、最新情報の集積、人間的ネットワークの活用等人間同士、組織同士が支え合う、相乗効果が内在した組織づくりができていることにある。

また、NPO法人化に関わる定款や規則は簡易なものとし、それぞれの組織の理念と自由度を尊重し、グラウンドワーク三島の組織力と団結力は強固に、規則はファジーな考え方を大切にしている。

様々な特性を持った市民組織が一致団結すれば、素晴らしい「総合力・全体力」を発揮できる、「パートナーシップの有益性と効率性」を見事に実証している。具体的な活動を通して、着実な成果を地域の中に残していくことによって、地域住民や企業・行政からの評価は高まり、グラウンドワーク活動の説得力と実効性は力を増していくのだ。答えのない議論と検討の時間はグラウンドワーク活動には付属的な要素だ。

「こうしたい・ああしたい」が、活動の原点・出発点である。まずは自分たちで考えたことを、皆の力で実現していく。何と楽しく、創造的な活動ではないか。市民活動に参加して疲れるようでは、やめた方がいい。大いなる「理念・ミッション」、課題を解決しようとする「行動力・アクション」、熱き「情熱・パッション」が、備われば怖いものなしだ。これが、グラウンドワーク三島のメンバー共有の意識であり、活動を持続させていくための秘訣だ。

第2章

源兵衛川に始まった組織

1 三島市の水環境の現状

三島市は富士と箱根の裾に広がり、自然の湧水を源として早くから人が住み着き、古代、中世より伊豆の玄関口として発展してきた。本地区の西一・五キロメートルにある「柿田川湧水」が全国的な注目を集めているが、三島市も旧来より「水の都・三島」と呼ばれ、静岡県を代表する富士山湧水群となっている。かつての湧水の総量は、増水期に夏季で約四十数万トン／日、減水期の冬季は約二十数万トン／日といわれ、水温は年間を通し一五℃である。

市の東北部には沢地川、山田川等の小河川が流れ、箱根西麓を流下して大場川に注ぎ、南に下って狩野川に合流している。また、市の西・南部を見ると中心市街地にある楽寿園小浜池・菰池公園・白滝公園・浅間神社を湧水源とする、宮さんの川・源兵衛川・桜川・御殿川などが、幹線用排水路または農業用水路として分布流下している。かの松尾芭蕉が三島を訪れ、「紫陽花や三島は水の裏通り」と詠んでいるように、街中をせせらぎが毛細血管のように縦横無尽に流れ、川の中にいくつかの島が点在し、そこに人が居住している様相であったと推測される。このように長い歴史と豊かな水辺自然環境に育まれた素晴らしい水環境も、近年に至り、上流地域の産業活動の活発化による地下水の汲み上げにより悪化の一途をたどっている。かつて川に愛着と誇りを抱いてきた三島市民も、雑排水の垂れ流しやゴミの不法投棄等、川への思いを忘れてしまったようである。

この状況下、昭和五八年から国土庁の指定を受け、「水緑都市モデル地区事業」の導入が始まり、第一次整備事業として「水上プロムナード計画」（愛染の滝公園・菰池公園・白滝公園周辺・桜川沿岸遊歩道）を整備した。しかし、事業期間が三年と短く、全体計画の実施は未完成となっている。

この基本計画は、前東京農業大学学長である進士五十八氏が策定したものである。基本計画で氏は、「三島の街に『緑と水の座標軸』を設定することは、三島人の精神的支柱を与えるばかりではなく、三島の街を健康体として機能させることにもなる。健康な街づくりにとって、緑は都市のフレーム（骨格）であり、水は都市の血液である。今までのように道路をフレーム（骨格）とし、物流系統だけを重視した都市計画に対して、緑を都市景観（都市の土地利用）のフレームとし、水を自然生態系（都市における自然生態循環）の確保、すなわち、血液にみたてた『緑と水の都市計画』が、今後の三島市の都市づくりの基本でなくてはならない」と提言している。

この「ふるさと三島・みずのみち」構想が、「水の都・三島」の水辺自然環境再生の骨格・たたき台となり、その具現化の一つとしての源兵衛川水環境整備事業へと発展していった。

2　源兵衛川環境変化の今昔物語

2.1　源兵衛川の開削の歴史

源兵衛川の築造起源は、下流水田地帯の中郷地域に大和朝廷時代の条理制が残っていることから、開削時期は奈良時代とされている。またそれ以外に、室町時代の豪族・寺尾源兵衛が開削したとの説もある。とにかく、水源として、楽寿園小浜池の湧水を利用して、下流地域となる中郷一三集落に農業用水を供給する人工的な灌漑水路である。

その流路位置と河川形状には、先人の知恵と工夫が凝らされている。流路位置は、用水路であることから地下や周辺から湧水が噴出する場所をとらえながら流れ、また、位置的には高位部を流れていることから洪水時にも悪水が集まらず、急激な増水や排水の混入による汚濁が発生しない位置の選定となっている。さらに、水源が湧水であることから水温一五℃と大変冷たいため、川を緩やかに蛇行させて川幅も広く確保し、水深を浅くすることで水温を上げる工夫もなされている。

川沿いに何気なく使用されている護岸は、奈良時代から残存しているものと推測され、三島の歴史的・文化的資源といえる。長い歳月の中で、自然環境とマッチしており、三島溶岩独特の黒色の色彩とあいまって落ち着いた水辺の景観を形成し、「水の都・三島」の独特の雰囲気を醸し出している。

2.2 源兵衛川の整備前の河川状況

楽寿園小浜池（せりの瀬）を水源とする源兵衛川は、三島市街地中心部を流れる延長一五〇〇メートル、落差八メートルの普通河川であり、最下流にある温水池で水温を上げた後、中郷地区の水田地帯一六〇ヘクタールに農業用水を配水している。

この温水池は、平坦地を流下した湧水を一時貯溜し、三℃前後の水温上昇を図るとともに、合理的に水配分を行うことを目的として、昭和二七〜三〇年に県営中郷用水土地改良事業として整備された。敷地面積二一・六ヘクタール、湖面面積二ヘクタール、貯水量三・七トン、池の長さ四二〇メートル、水深一・八メートルのため池であり、周辺住民の憩いの場、魚釣りの場所、子供たちの水遊びの場として、多くの市民にも親しまれている。

また、源兵衛川は自然型の開水路であることから、動植物（鳥類、淡水魚類、昆虫類、高等植物等）にとっても貴重な生息空間を提供しており、それぞれが豊かな個体数を誇り、その自然度は多様性にあふれている。水中には、環境・水質のバロメーターといわれる白く可憐な三島梅花藻が咲き乱れ、アブラハヤやホトケドジョウが泳ぎ回り、五月から六月には水面をホタルが乱舞する姿が見られるなど、美しい水辺自然環境を誇っている。

子供たちは、川が最高の遊び場であり、自然との付き合い方を学ぶことができる水辺の自然学校でもあった。親や先輩たちからは川にゴミを捨てることの非常識さを教わり、汚すことの不道徳さを諫められた。また、川の上流に住む人間としての常識と行動を叩き込まれ、子供たちは従順に従い、その意識が習慣になっていった。今でも、川にゴミが捨てられていると気に掛かり落ち着かないし、捨てる人を見掛けると怒りが込み上げ、自然に注意してしまう習慣が身についてしまっている。この意識は、三島っ子共通の意識であり、その意識が常識化していた街だった。

2.3 源兵衛川の河川環境の推移

源兵衛川の管理主体者は「中郷用水土地改良区」である。下流の農業地帯に住む農業者が組合員（組合員数四二九戸）となり、負担金を徴収して、水路の底ざらいや安定的な水配分の調整などの維持管理業務を独占的に行っている。特に、中郷地帯一三集落から選出された理事（水配人）が管理上に絶大な権限を持ち、末端部までの水配分を取り仕切っている。湧水が豊かだった時代は、川自体の維持管理費は余り掛からず、下流部の用排水路整備や水田の区画整理が主な仕事であった。

しかし、昭和三〇年代半ば以降、三島市上流部で工業団地等の造成工事が活発化し、地下水の汲み上げによる湧水量の減少が発生し始めた。特に、長泉町と三島市との境に、地下水利用型の企業が進出し、本格的に地下水を汲み上げ始めた頃からは、三島市内各所での地下水の減少が加速し、追い討ちをかけるように昭和三三年には旱天となりほとんど雨が降らず、深刻な水不足が発生した。

そこで土地改良区は、当時の静岡県沼津土地改良事務所や三島市に陳情を繰り返し、非常時対応の渇水対策として東レ(株)の冷却水（温調用水）を一時間当たり最高一五〇〇トン放流してもらえるように強く要請した。その結果、この企業の工場内から新幹線の下を通り、楽寿園小浜池せりの瀬に注ぐ、直径九〇〇ミリメートルの地下水路が敷設され、灌漑期（五月から九月まで）には、水質的に問題のない美しい用水が安定的に供給される仕組みが整備された。

現在も、五月上旬には、土地改良区の役員と三島市長が東レに出向き、米や野菜類など中郷地域で収穫された農産物を贈呈し、感謝の意を表している。なお、昭和四四年以降、柿田川工業用水が完成したことから、東レは井戸水から工業用水に水源転換を図り（一日当たり一〇万トン弱購入）、地下水の汲み上げは大幅に減少した。

しかし、湧水が減少する冬季（非灌漑期）には東レからの冷却水の供給が、一時間当たり二〇〇トン（防火用水程度）と極端に減少することに加

源兵衛川第２ゾーン整備前の状況

源兵衛川第２ゾーンの現況

え、川沿いの民家から垂れ流される雑排水の混入とゴミの不法投棄などにより、源兵衛川は汚れた川に変身していくことになった。

なお当時、三島市街地では昭和五二年より公共下水道事業が実施されており、源兵衛川流域では下水道の整備率が一〇〇%、普及率が九五%と、雑排水の流入はかなり減少してきており、水質改善への期待が持てる状況ではあった。しかし現実的には、川沿いの民家にとって下水道の敷設には多額の工事費がかかることから接続率が悪く、源兵衛川の水質改善がなかなか進展しないのが実態であった。

そのために、土地改良区は源兵衛川に堆積したヘドロの除去や富栄養化により繁茂した水草の排除に多額の維持管理費を要し、これらの原因者である川沿いの住民やゴミを放置する三島市民に対して反感を抱き、相互の批判の応酬など対立が激化していた。

このように、源兵衛川は農業用水路としてはもちろんのこと、「水の都・三島」のシンボル的な水辺空間として重要な河川ではあったが、その未整備性や環境悪化の進行により、市民が親しめる河川としての機能は極めて劣悪な状況に陥り、抜本的な解決方策が見出せない閉塞状態が二〇年以上の長きにわたり続いた。そのために人々は、次第に源兵衛川を「街の厄介者・恥の川」としてとらえるように意識が変わり始めていた。

3 パートナーシップによる「源兵衛川水環境整備事業」への取り組み

3.1 事業取り組みへのきっかけ

当時の私は、静岡県東部農林事務所水利課計画係に在職し、農道や区画整備など、農業の効率化・装置化を図る土地改良事業の調査計画の業務を担当していた。今とは違い、NPOやボランティア活動とはまったく縁もなく、仕事と家庭に追われる忙しい日々を送っていた。しかし、担当地域の一部に、ふるさと三島が含まれており、中郷用水土地改良区や三島市農政課などとは、源兵衛川の恒久水源の確保や下流地域での水質改善対策、ほ場整備事業の調査計画などで関わり合いをもっていた。

このような中で、衝撃的な出来事に遭遇した。とある夜、友達と一緒に酒を飲み、源兵衛川沿いを歩いていた時、昼間のように明るい満月に照らされて、川に散乱・放置されている数々のゴミ袋が、まるで「生首」が置かれているように見え、驚愕したのだ。不思議に思い確認の意味で川をのぞき込むと、堆積したヘドロが強い悪臭を放ち、流れも澱み、低平地のゴミ捨て場のように見えた。

このような醜い姿を見た瞬間、「私が子供の頃、遊んだあの美しい川は一体どこに消えてしまったのだろうか」「いつの間にか、こんな惨めな川に成り下がってしまったのだろうか」「今まで、地域住民や行政機関、政治家などは、何をしてきたのか」「このひどい有り様に、三島市民は怒りの声を上げ、環境改善への具体的な努力を起こさなかったのか」「それでは子供たちは一体どこを遊び場にしているのか」など、激しい怒りの感情が込み上げてきた。

その夜は、何か気持ちが落ち着かず寝つかれずに朝を迎えたが、私が子供の頃に遊んだ川辺や湧水池などの様子が気になり、オートバイを飛ばして現地を回って見た。しかしどこの場所に行っても、環境悪化の実態はほとんど同じだった。湧水は枯れ果て、ゴミが投棄され、ゴミ捨て場化していた。また、衝撃的な光景も見た。川沿いの住民が平気で川にゴミ袋を投げ捨て、その光景が日常茶飯事・当然のことのように、多くの人々が同じ行為を繰り返していた。

余りにも残念で恥ずかしい有り様なので、いたたまれなくなり注意すると、「皆がしているから、私もするのよ」「どうせ私一人くらいがやめても、もう三島の川は湧水も復元しないし、きれいにはならないのよ」「こんな汚い川は、見えないように蓋でもしてしまえばいいのよ」などの返事がかえってきた。なんということだろうか。あれだけ川を愛し、川を大切にして慈しんできた三島っ子が、川を傷つけ、汚す、最大の原因者に変身していたのだ。

3.2 自分のやるべき仕事を実感

この衝撃的な出来事をきっかけとして、今まで自分がやってきた行動を深く反省し、今後の自分の立場と役割について真剣に考えた。自分は、「水・緑・土・農村地域の文化と歴史」に興味を持ち、東京農工大学農学部農業生産工学科において農業土木を学んだ。また卒業後、大学で学んだことに関わり合いの深い仕事に従事でき、県内の他地域において、農業用水路の施設整備や環境改善事業の計画実施に携わり、受益者や地域住民に満足のいく成果と実績を残してきた。

しかしながら、一番大切にしなくてはならない「ふるさと三島」においての関わりは皆無だった。当然、三島の環境悪化の現状把握や実態確認などの具体的な活動は何もしていなかったし、それらについての関心や問題意識も希薄だった。自分自身のふるさとの水辺自然環境も守れない農業土木の技術屋が、他地域に出かけていって理想論や必要論を述べても何の説得力もないし、言葉の遊びになってしまうと考えた。やはり、事実関係に基づいた、経験則や失敗則から生み出された体験的・実践的な知識の蓄積が必要だと感じた。

そこで、この源兵衛川の惨状を目の前にして、自分が熟知した土地改良事業を活用することで「水の都・三島」の再生と復活を成し遂げることができたとしたら、ふるさと三島への恩返しができるし、それこそ自分に与えられた使命・運命だと強く感じ、源兵衛川再生や市民運動の組織化に取り組むことを決意した。いったん決意し、自分の気持ちと物事の方向性が決まると、性格上、私の動きは迅速で行動的だった。即刻何十回もの現場調査を行い、環境悪化の実態をつぶさに把握した。周辺住民や土地改良区、市民、行政機関、商店主、ＰＴＡ、各市民団体など、多くの関係者に会い源兵衛川についての現状認識と課題の聞き取りを行った。

このプロセスの中で、自分の役割が明確化した。どの関係者も源兵衛川の環境再生は強く望んでいるものの、その具体的な対策と自分との関わり方については消極的だった。また、今までに問題解決に取り組んできた三島市や土地改良区も、単一団体での活動に限界と疲れを感じていた。どの団体も、自分の立場・領域から抜け出せず、問題先送り型・たらい回し型の閉塞状態に陥り、全体を横断的に仲介する利害調整役の出現を期待していた。

3.3 行政とNPOの二面性を確保

源兵衛川再生への取り組みは、自分がその役割を担うしかないという「強い使命感」と、どんな困難があってもこの難題に取り組み続けようとする「覚悟」から始まった。しかし、仕事上の関わり合いだけでは、転勤や担当替えによって役割や立場に限界・限度が発生する危険があることから、「秘策」を考えた。それは、ある時は県庁の役人、ある時はNPO団体の事務局長としての立場を臨機応変・縦横無尽に使い分ける「渡り鳥作戦」だ。これにより、私個人にどんな状況変化が発生しても、源兵衛川や地域での市民活動に関わり続けられる自分なりの環境整備が整った。特に、NPOの事務局長の立場にこだわったのには理由がある。

それは、住民参加の新しい公共事業の計画立案を構築したかったためだ。今とは違って当時は、公共事業の計画策定や維持管理は、すべて役所が独断的に決定、担当していた。地元説明会は言い訳づくりの場であり、物ごとを検討し、決定する場ではなかった。例えば、市民が川づくりの計画策定や公共施設の運営に関心と参加意欲があっても、当事者としては直接的に関われない構図・仕組みが当たり前の姿であった。こんなやり方では、地域住民に愛着とこだわりの気持ちが醸成されず、結局は役所一辺倒の、無駄で不必要な公共施設が造られ、将来的にはその維持管理費に苦しめられることになるとの強い危惧が私にはあった。

そこで、地域住民や利害者の目線にあった、生活者・納税者の立場からの意見や提案を基本にした、市民レベルからの物づくりの手法を新たに創り出さなくては、公共施設に地域の特性や住民の思いを入れ込むことはできないと考えた。そのためにも市民側の立場を確保し、双方の立場を変幻自在に使い分ける「二面性の立場」が必要だと強く感じ、そのための具体的な体制整備に着手した。

しかし、現実的にはこの立場の維持は大変難しく、苦労も多かった。役所側からは「行政情報をリークしているのではないか」「仕事以外によく新聞やテレビに登場し生意気だ」「公私混同ではないのか」「役所のやり方には間違いはないのだから住民の意見を聞くことなど時間の無駄だ、情報公開など必要ない」などと〝陰口〟を言われ、住民側からは「地元の本音や考え方を盗みにきている行政スパイだ」「物言いが役人的で生意気だ」などと〝批判〟された。

ここで普通の公務員だったら、たぶんこの漠とした圧力と精神的負担に疲れ果て、左遷・降格のリスクにも怯え、馬鹿らしくてやっていけなくなると思う。しかし、私はこの中間的で自由な立場に不安や抵抗を余り感じず、行政と市民の意識や役割の違い、パートナーとしてやっていくための仕組みと前提条件などを学んだ。

立場の維持には、組織の殻を抜け出すための勇気と住民から浴びせられる膨大な疑問に対する研鑽が必要とされ、それらへの対応が物づくりの質を高めるとともに、多様で多彩な人間ネットワークの形成に生きていった。この潜在力が、問題が複雑に絡んだ源兵衛川の再生活動に、有益な経験知・資源・能力・資質として活用されていったのだと思う。困難や問題からの逃避は、人間を大きく成長させないし、新たなる発展も担保しないことを実証している。

3.4 支援者へのアプローチ

私は、まず源兵衛川再生プロジェクトをスタートするに当たり、解決しておかなければならないいくつかの検討課題を想定してみた。例えば、「①どんな補助事業を活用して整備を進めていったらよいか」「②この事業化が源兵衛川の環境特性をかえって傷つけはしないか」「③管理者である中郷用水土地改良区の基盤優先型の改修意向と親水公園の整備が整合性が取れ、同意を得ることができるか」「④この事業に対して本当に地域住民や市民団体などの賛同が得られ、具体的な活動に参加してくれるか」「⑤住民参加の手法を仕掛け、リードしてくれる先導的な市民団体が存在するか」「⑥今まで三島で市民活動に縁のなかった私が、果たしてどんな切り口によって、市民団体を組織化できるか」「⑦川の整備が水を活かした街づくりまで発展・拡大していける波及効果を持つことができるか」「⑧私の考え方に賛同してくれる支援者が、現実的に何人現れるのだろうか」などである。

これらの課題解決の方法論、切り口を模索すべく、土地改良区や市民団体のリーダー、関係町内会長、行政関係者、三島の名士などとの話し合いをいろいろな縁を駆使して始めた。しかし、どの関係者も三島の環境悪化の現状に憂慮しているものの、結局はよき時代の昔話に終始し、解決の糸口が見つけられないジレンマに陥っているように感じた。一歩踏み出て、先頭を切るカリスマ的なリーダーの存在への期待が大きかった。

そこで私は、まず、前提条件となる源兵衛川の県営事業としての事業化に向け、静岡県単独土地改良調査費の活用を仕組み、農林水産省や三島市、中郷用水土地改良区など、直接的な関係機関や地元農家との協議・調整に着手した。こちらの段取りは自分の仕事であることから、ある程度は淡々と対応できた。

それと並行して、この事業を住民レベルで支援・先導するための新たな市民組織となる「三島ゆうすい会」の設立に向けて、具体的な準備にも着手した。しかし当時、三島市の中で地域をリードするような実力者の知人はおらず、発起人をどのように集めたらよいのか最初の取っ掛かりがわからず、こちらの仕掛けには苦労した。

しかしある時、静岡新聞に、「三島市民サロン」が製作した記録映画「わが街三島（一九七七年の証言）」がビデオ化されるとの記事が目に飛び込んできた。そこには、この企画を手掛けた中川和郎氏が掲載されており、「水の都・三島」への熱き思いが語られていた。この瞬間、直感で、この人に糸口を相談してみようとの強い思いが湧き出し、その場から本人に直接電話し、二時間以上にわたって源兵衛川再生への戦略と「水の都・三島」の街づくりについての夢を一方的に説明させてもらった。その夜には早速本人とお会いし、三島市民サロンにおける現在までの先輩諸氏の活動経過や三島の街づくりへの夢を共有し、特に、源兵衛川の再生については強い支持を受けた。

まさに中川氏との出会いが、三島ゆうすい会からグラウンドワーク三島へと続く、私のNPO活動の「スタートライン」であるし、活動や組織の基盤を支えていただいている緒明實理事長など、多くの支援者の「人間ネットワーク」形成の情報源でもある。

中川氏が活動の基軸となり、彼の豊富な人間関係を土台として、源兵衛川再生の理解者拡大とその事業化を側面的に支援していくための市民組織となる「三島ゆうすい会」の組織化が、次第に形成・強化されていった。何か新しい「こと」を起こす時は、一人では決して成就・実現しない。強い意思を共有してくれる僅かな理解者の存在が、何事にも動じない強固な組織を形成していく。私と中川氏は、年齢が二〇歳も離れている。私が企画屋で中川氏は仕掛け屋だ。双方の微妙な掛け合いが、三島の街づくりの進展に向けて新たな人間旋風を巻き起こし始めた。

3.5 事業の概要

本事業は、農林水産省の補助事業である県営農業水利施設高度利用事業（平成二〜四年）及び県営水環境整備事業（平成五〜九年）を適用し、三島中部地区として施工された農業用水路の護岸・管理道・堰などの改修事業である。「高度利用」とは通水目的だけではなく、親水施設・修景・生態系保全施設・景観保全施設・利用保全施設などの整備を同時に行うことにより、川の持つ本来の姿と地域住民の川との関わり合いを取り戻し、川辺の散策、子供の水遊びなどへの利用の増進をねらいとするものである。あわせて、地域住民が川をきれいに保全する意識が芽生えれば、農業用水の水質保全と維持管理の軽減につながることも、大きな事業効果として期待された。

工事の内容は、源兵衛川の自然環境と利用状況を踏まえ、川幅七〜一〇メートル、全長一・五キロメートルの流路に、それぞれの地域特性（景観・歴史性・自然環境等）を加味して、八つのゾーン（水の誕生・水の散歩道・水と思い出・水と出会い・水と文化・水と暮らし・水と農業・水と生命）を設定するものである。

基本コンセプトは、「都市と農村を結ぶ水のみち」とし、昔の川の姿や人との関わり合いを再現した上で、現況のよいものはできるだけ保全し、かつて無神経にコンクリート化された護岸は元の石積みや土羽《どは》（土の護岸）に戻し、市民が気軽に水に親しめ、川を利用できる市民開放型の改修案を立案した。

施設設備の概要としては、親水施設として、溶岩ブロックを使用した親水護岸が整備され、多自然型の川づくりが進んだ。利用保全施設としては、川の中のユニークな管理用道路や、遊歩道(水の散歩道)、各種テラス（昔の川端・洗濯場）、トイレ、木橋、案内板などが設置された。特に、最下流の温水池は、周辺に防護柵が設置された人間を排除する農業用ため池であったものが、生態系の保護・復元を目的とした大ビオトープに「エコロジー・アップ（増幅）」された。

工事費は、三島市単独分も含めて全体で約一四億円程度を要している。その内訳は、国が五〇％、県が二五％、市が二五％を負担し、受益者である中郷用水土地改良区は負担していない。これは、本施設が三島市全体の不特定多数の利益に寄与するものであり、改修後の直接的なメリットが組合に及ぶとしても、その公益性を優先・重視したことによるものである。

3.6 専門家との協働

私が事業化に向けて最も重要視したのが、本事業を推進し、取りまとめていくための「専門家集団の編成」だった。当時、農業農村整備事業における新規事業の調査計画設計などの業務については、単純に地域か東京のコンサルタントに委託し、行政とコンサルタントとの検討・協議により事業内容の骨格や仕様が決定されていた。地域住民が計画策定の段階から参加することや、設計内容についての意見・提案を聴取するなどということは、皆無だった。

もし源兵衛川の計画策定についても事業主体者である東部農林事務所が今までのやり方で対応してしまっていたら、三島の地域特性（自然・歴史・文化・伝統等）や地域住民の意見・提案が施設計画の中にほとんど反映されず、「水の都・三島」の昔からの水辺の雰囲気や自然環境とは異質な施設が施工されてしまう危険性があったし、間違いなく、今の源兵衛川の再生ドラマは存在しなかったと思う。私も今まで他地区において、そのような陳腐で異様な施設を見てきており、源兵衛川においては絶対にその「轍を踏まさない」との強い意思を持っていた。

そこで、全体事業計画の企画運営、事業の施工管理、国等の行政機関との調整、土地改良区や地域住民の合意形成などは、平成元年に東部農林事務所水利課で本事業を担当していた私が対応した。次の段階として、従来とは違う手法といえるが、計画段階において新たなグループの編成を考え、計画業務から従来型の農業土木設計集団を排除した。

まず、昭和五八年度国土庁水緑都市モデル地区整備事業の計画業務を担当し、その斬新な企画力と発想力に国内で高い評価を得ていた、（株）都市環境開発センターの千原康正代表取締役に無理をお願いし、設計グループの人選を依頼した。その結果、一押しで推薦していただいたのが、その後、本事業の全体のコーディネーターをお願いすることになる加藤正之地域環境プランナーズ代表であった。彼とはそれ以来一〇年以上にわたる長い付き合いとなり、三島が第二の故郷となるくらい三島の仕事とグラウンドワーク活動にほれ込み、専門家アドバイザーグループの重鎮として三島の川づくりや街づくりに中心的な役割を担っていただいている。

次に、建築・農業・土木・造園・意匠デザイナーなどからなる「設計者グループ」（取りまとめ：岡村晶義（アトリエ鯨代表）、速水洋志（速水技術プロダクション代表）、松井正澄（アトリエトド代表）、地福由紀（アトリエ福代表）、阿部節子（阿部節子・生活空間工房代表）、森下雅子（あとりえあんと代表・当時）の各氏）と「生態系アドバイザーグループ」（取りまとめ：杉山恵一（静岡大学）、高等植物：菅原久夫（加藤学園）、鳥類：山田律雄（日本野鳥の会）、淡水魚類：金川直幸（静岡南高校）、水生昆虫類：新妻廣美（静岡大学）、遠藤浩紀（長泉北中学校）の各氏）を組織して、源兵衛川の調査・計画・設計に当たることになった。

計画のねらいは、①川沿い住民の水との関わりの回復、②護岸、橋、水門など川沿いの施設の保全・改修、③川沿いの生態系及び景観の保全・再生——におき、事前調査として住民意識調査、自然環境調査、地域特性調査などを実施した。この二つのグループメンバーは相互に情報交換と調整を進め、総合的な視点・感性の融合を行うことで、源兵衛川が固有に内在する複合的で多様な地域資源的要素や自然環境的要素を導き出した。

それらを、基盤整備（護岸整備、水質保全等）をはじめ、修景及び親水整備、生態系復元整備などの設計条件として活かすとともに、計画づくりへの住民参加の手法も取り入れ、その結果も設計に反映させた。

こうして、平成元～二年で基本構想・基本計画を策定し、平成二年度に基本設計及び最上流部（二ゾーン、二〇〇メートル）の実施設計を行い、平成三年三月には第二ゾーンの工事が完成した。以後、下流側に向けて、順次毎年二〇〇～三〇〇メートルずつ実施設計と工事を重ね、平成九年に全区間の工事が完成した。

3.7 三島ゆうすい会がスタート

この動きと並行して、私の市民団体側の仕掛けも始まった。平成元年頃から中川氏の助言をいただき、三島市内の各界リーダーとお会いし、「水の都・三島」の水辺の環境改善への取り組みや源兵衛川の再生について、「三島の素敵な水辺づくりから地域づくりへの提言書」（第一章（13頁）参照）を説明して回った。

私はこの中で、今後の具体的な事業計画として、①源兵衛川の再生、②水復活への住民運動の開始について問題提起をしたが、この件については多くの方々から賛同と具体的な活動推進への要請を受けた。

その後、この趣旨に賛同をいただいた約七〇人で発起人会を設立し、事業計画の骨子や役員構成などを固めた。その半年後の平成三年九月二八日に「三島ゆうすい会」が設立された。三島市民文化会館で開催された設立総会には一〇〇名もの参加者があり、事業計画の説明時には盛大な拍手、喝采をいただき、関係者の関心の高さと「水の都・三島」の環境崩壊への危機感をひしひしと感じた。

会長には緒明實氏、副会長には塚田冷子氏・藤沢孝氏などが就任し、私は事務局長となり、いよいよ市民団体側の正式な顔と立場を得ることができた。代表顧問には、三島に縁のある詩人の大岡信氏と女優の

梅花藻の里、大岡信氏ら渡り初め

冨士眞奈美氏が就任した。大岡先生からは広域的な活動展開の必要性と市民・行政・企業とのパートナーシップの重要性を教えられ、その後も様々な局面でのご支援をいただいている。冨士眞奈美氏には平成六年六月に開催した「俳句&トーク」に関わっていただき、さらに選者の吉行和子、白石冬美、小松方正、塩田丸男、植村公女、石寒太、上田五千石の各氏など豪華ゲストの参加を要請していただいた。

三島ゆうすい会の具体的な活動としては、①正確な水の情報収集と知識の習得を行うための「水の勉強会」の開催、②地下水の涵養と保全対策の推進と啓蒙活動、③水を活かした街づくり構想の提案と具現化の実行、④源兵衛川親水公園化事業の推進、⑤三島の水と生活文化の再生運動の推進、⑥三島の湧水を守る各種対策の行政への具体的な提案、⑦富士山流域内の各種市民団体との連携と交流を図る水のネットワークづくりの推進などを掲げている。

冨士眞奈美氏らと蛍句会

3.8 多彩で先験的な市民活動を展開

特に先導的な活動としては、源兵衛川の「河川清掃への取り組み」である。平成元年頃からの基本構想・基本計画策定の時期にあわせ、発起人を中心として市民に呼び掛け、月二回の定期的な清掃活動を開始した。川の環境悪化の実態を市民に知ってもらうことや自分自身で汗を流し環境改善に努力してもらう達成感を体験してもらうことを目的に実施した。

ゴミは、ほとんどが茶碗のカケラやビン類であり、川底五〇センチメートルくらいの厚さで堆積していた。昔から使わなくなった茶碗は川に捨てる習慣があったようで、その総量は膨大なものであった。拾っても拾ってもきれいにならず、参加者はその単純作業に疲れ、諦めかけたこともあった。しかし「継続は力」なりで、近所の人や通りかがりの人に次第に関心をもっていただき、行政職員や各町内会の協力も受けることができ、大きな活動に成長していった。

私が理想の姿とした、ゴミが激減し、捨てられてもすぐに拾われる構図ができあがってくるまでには、約三年の歳月を要した。市民が源兵衛川に入っての地道な持続的な努力が、地域住民の「意識と心」を変えた。川が自分たちの財産・宝・庭に変身したのだ。自分の庭にゴミを捨てる人はいない。また、捨てられればすぐに拾う、その拾う親の背中を見ている子供たちは、ゴミを捨てない大人に成長する。この「環境再生の意識変化の循環システム」が、活動の継続とともに出来上がっていった。やはり現場での清掃活動が、人の気持ちを変革し、主体的な意識を醸成していった。

その効果として、川沿いの住民の中で公共下水道に未接続の二〇軒が、三年間にわたる川掃除の経過とともに接続し、三年後には接続率一〇〇%が達成されたことで、源兵衛川の水質は一気に改善された。あれだけ行政が依頼してもなし得なかった接続が、清掃活動よる暗黙の影響力により、自主的な行動へと駆り立てたのだと思う。強制や押しつけでは、人は動かない。時間をかけた実践的な活動が、暗示的・教育的影響を与え、人々を納得させていったのだ。

また首都圏の人を対象にした「水辺ゴミ拾いエコツアー」を企画して、外圧による川への関心を高めた。この企画には、当時、近畿日本ツーリスト東京メディア販売事業本部に勤めておられた島村幸子氏にお世話になった。「空き缶拾いキャンペーン」と連携した水辺クリーンキャンペーンとし、東京の人たちにゴミ拾いを体験していただき、あわせて三島ゆうすい会や地域住民との「水談義」により交流を深める。昼食時には流しソーメンや湧水ソバなどを振る舞い、三島の魅力も体験・味わっていただいた。

現場では参加者から、「こんなに美しい水が流れている川に、三島の人はどうしてゴミを捨てるの？」「よく平気で川に雑排水を垂れ流すの、無神経ね」「神田川のコンクリート河川に比べれば、素晴らしい水辺自然が残っており贅沢だ」「水辺を活かした街づくりの仕掛けが未整備だ」などと辛辣な意見が地元住民に投げ掛けられる。これを受け、缶ビールを片手に大いに議論が沸騰するのだ。この議論や批判こそ、地元では気がつかない三島の付加価値と質の高さを実感することになる、「外圧の力」といえる。他地域の人の批判には謙虚に耳を傾ける地域住民の皮肉には落胆するが、私たちが警鐘・啓発するよりははるかに説得力と影響力があると感じた。

さらに、河川愛護団体の「源兵衛川を愛する会」が平成五年四月二三日に、「桜川を愛する会」が平成七年三月一一日に設立され、その組織化を支援した。自分たちの川は自分たちで維持管理し、大切に守っていくための地元の運営管理の体制の整備を進めた。これらの組織は現在も、月一回の定期的な河川清掃活動を進め、河川美化に貢献している。ふだん美しく見える川には、淡々と管理してくれている人の姿があるものだ。桜川を愛する会の初代会長となった山田喜作氏は、約二〇年間雨の日も風の日もたった一人で黙々と川掃除を続けられ、最初の頃は変人と馬鹿にされた時もあったと聞いた。また、源兵衛川を愛する会の初代副会長の田代菊蔵氏は、自宅前の川辺に水芭蕉などの水生植物を植え、素敵な水辺景観を維持してこられた。

その他に、湧水復活のための自主活動として雨水浸透枡や天水尊《てんすいそん》（雨水の貯水タンク）の設置活動や補助制度制定などの政策提言を行い、現在では市独自の補助制度の制定を成し遂げた。また、滋賀県甲良町・岐阜県郡上八幡町（現・郡上市）・滋賀県近江八幡市などを視察し、地元の市民団体との交流を図り、今でも、甲良町とはグラウンドワーク実践地として、近江八幡市とは川端五兵衛市長との個人的なお付き合いを通して、相互の情報交換が継続している。

さらに、平成四年九月には、全国初の英国式グラウンドワーク実践地区に選定され、「グラウンドワーク三島」としての新たなる市民活動のスタートを支える人的・組織的基盤と中心的な役割を果たすとともに、平成五年五月には英国グラウンドワークの海外視察も実施し、英国グラウンドワーク事業団との国際的ネットワークの締結を進めた。

また、平成五年一〇月には市民の募金による「水辺花基金制度」を創設して、約一〇〇〇万円の募金を集め、その運用益によって源兵衛川などの水辺沿いや街中にプランターを置き、四季折々の花を植え、魅力的なフラワー通りを演出した。

少しずつ水辺環境の改善が進む中で、できるだけ自然のホタルが乱舞できる環境づくりのために、自分たちでホタルを増殖し環境教育を進める「三島ホタルの会」の組織化を後押しした。現在も志村肇会長を先頭に、活動は継続し、塚田冷子氏宅がホタルの飼育基地として使用されており、ホタル生息のための水辺庭園まで建設されている。

一般的には川の基盤整備ばかりが注目されるが、実は完成後のほうが課題は山積みだ。例えば「その施設をどう活用していくのか」「街のにぎわいの起爆剤となれるのか」「しっかりとした維持管理システムが整っているのか」「市民が親しみ関心をもってもらえるイベントが用意されているのか」「施設の運営と継続的に関わるＮＰＯがあるのか」などがある。源兵衛川の場合は、初期段階において、三島ゆうすい会が中心となり、水の確保、清掃活動の実施、愛護団体の組織化、川の演出など、かなり戦略的・段階的に多彩な活動を積み重ねていったことにより、複合的な社会的波及効果が発揮されたと思う。多様で多彩な仕掛けが相互に相乗効果をもたらした事例といえる。

また、広域的な水のネットワーク形成の仕掛けとして、「心のふるさと富士山を守ろう！」シンポジウムや水の勉強会を開催した。これらに参加していただいた講師には今でも様々な機会に指導、助言をいただいている。専門家や学識経験者との人間的な信頼関係の構築と情報交換は、活動の領域を拡大するとともに、活動の高度化と質の向上に役立つ。感情的で情緒的な市民活動は長続きしない。論理的で学術的な情報、知識をベースにした活動の展開が、活動の信頼と真実性を担保する。三島ゆうすい会を基軸にし、グラウンドワーク三島のネットワーク型市民活動に発展していった経過は、源兵衛川の再生のサクセスストーリーという事実関係の蓄積があればこそだと思う。

3.9 土地改良区・市民・行政・企業の誤解を解消

源兵衛川は自然河川ではなく、下流側に広がる約一六〇ヘクタールの水田地帯に農業用水を送るための人工的な農業用水路である。管理者は中郷用水土地改良区であり、整備前までは日々の管理は水配人が行っていた。灌漑期には、土地改良区が管理を行うが、非灌漑期には湧水が減少し家庭雑排水が流入して、ゴミも捨てられ、放置状態であった。

「土地改良区」は、日頃のゴミや草取りに困窮していながら、その一方で、自分たちの施設であるとの権利者意識が強過ぎて、住民を川から排除していた。当時、川の掃除は土地改良区の組合員だけで実施しており、住民は川を汚す加害者、土地改良区は被害者の対立関係が続いていた。学校では危険な場所として、川に子供たちが近づくことを禁止していた。さらに、土地改良区関係者の一部の意見として、こんなに広い用地(水を温めるために河川断面が広い)があるのなら河川断面を狭くしてコンクリート水路に改修し、残地は埋めて売却してしまおう、暗渠化して駐車場に賃貸してしまおう等という乱暴な案も提案される有り様で、今から思うと地域資源の存在意義を忘れた、殺伐とした状態であった。

「市民」は、美しかった源兵衛川の思い出話と行政や企業の悪愚痴ばかりを言い合い、自分たちが川に入り、川掃除をするなどの環境悪化に対する具体的で積極的な行動は皆無に等しかった。行政への依存と甘えの体質が強く、誰かが何とかしてくれる、自分一人ぐらい何をしても関係ないという、自己中心的な考え方が蔓延していた。

「行政」は、下水道が整備されなくては川の汚れは解決できないと気の長い話ばかりで、湧水の減少については、上流側の水利権者との合意取得と協力が必要となり、三島だけの対応では難しいとして、解決への積極的な取り組みは見られなかった。一部、三石神社付近での親水公園化計画も策定されたが、住民意見のとりまとめの不調と水質悪化に対する懸念により事業化ができなかった。

「企業」は、農家の要望により灌漑用水供給の名目で、灌漑期だけは冷却水の供給を一時間当たり最大一五〇〇トン行っていた。しかし、非灌漑期においては一時間当たり二〇〇トンの冷却水の供給を行う程度であり、地域企業としての最低限の社会的責任は果たしているという程度の認識であった。

このように、湧水の減少にあわせて、源兵衛川に関わる土地改良区・市民・行政・企業の連携の未整備と利害の相違が顕在化し、連携や協力関係は皆無であった。地域の宝物として誇りに思い、あれほど大切にしていた源兵衛川が、ひどく傷つき荒れ果てているのに、環境改善の処方箋が見出せない膠着状態に陥ってしまっていたのだ。

3.10 土地改良区との合意形成

そこで、私はまず土地改良区に対して、「一年間に四〇〇万円近くの維持管理費が必要とされ、管理にそんなに困っているのに、権利者意識ばかりにこだわって何の得があるのかを考えてほしい」「潤いの空間を市民に広く開放することによって、市民の関心と愛着の気持ちを川に引き戻し、都市住民を含めた地域資源・財産として農業用水路を認知してもらう仕掛けが必要だ」と訴えた。

また、「市民の応援団をいかに多くつくれるかが源兵衛川の再生につながるのだから、管理者としての立場や意見を全面的に主張せず、まずは市民の考え方や行動を信じて、この親水事業に対応する必要がある」「市民や市民団体と連携した新たな農業用水施設の維持管理体制を確立することで、管理費の軽減を進めるべきだ」「この川づくりを住民参加型の事業とすることで、農業用水路の多様な役割と地域資源としての重要性を市民に理解してもらう絶好の機会とすべきだ」「川の改修は、子供たちへの環境教育の場の提供となるばかりでなく、地域振興・商業振興の役割も担え、社会的波及効果の期待もあることを理解すべきだ」「市民と土地改良区との協働型の川づくり計画の策定を通して、お互いを知り合うきっかけづくりとし、対立関係から協調関係への機会とすべきだ」「市民の農業用水路への関心を誘発することによって、水質保全に対する問題意識が生まれ、都市と農村を結ぶ新たな水の道を創造すべきだ」と説得した。

その結果、組合員への延べ四〇回以上にわたる説明会や勉強会の開催を通して、「負担金がかからないこと」「通水上問題がないこと」「将来的に安定的な水源が確保されること」「現状の水辺空間を著しく改変しないこと」「水利権などの既得権が侵害されないこと」などを前提条件として、農業用水路の市民への開放、親水公園化事業の計画づくりへの市民参加が合意され、具体的な取り組みが開始されたのである。

なおこの際、ある出来事が発生した。新しい動きや仕掛けに地域住民が神経質になっており、私が中郷地域一三集落を連続的に説明に回り、やや押しつけがましい話をじたことなどで、一部の反対者が事業採択に関わり、時期尚早だと疑義を申し立てたのだ。その結果、事業計画的にも地域合意的にも国・県的にも問題がなかった事業申請が、一年間延期されたのだ。

これには私も大変驚き、当時の市の幹部職員に、その真意を確認した。市長いわく、「工事費を三島市が負担するとはいえ、受益者である組合員の同意書が整備されておらず、合意形成が未整備であるためだ」との回答であった。土地改良法上は同意取得は不必要なのでそれを実行したが、それを理由として住民の圧力に怯《ひる》む理不尽な事実に怒った。

当然、県庁幹部からも叱責を受け、国からは再度の採択申請への困難さを指摘された。しかし、こんなことで源兵衛川の再生プロジェクトを諦めるわけにはいかなかった。ちょうど組合の中で役員改選があって推進派の藤沢孝氏が理事長となり、新規役員を含め彼らの全面的なバックアップを受けて再度組合員への説明会を開始し、今度は組合員全員の同意を取得した。この時の、受益者や地域住民との徹底的な本音の話し合いは、源兵衛川の計画づくりに積極的な地域情報として反映されたし、管理者と市民との意識の格差、違いを理解するための機会となり、自分自身の調整・仲介能力、知識の醸成につながった貴重な経験といえる。

困難に遭遇すると人間は消極的になり、逃げの姿勢となる。しかし、強固な意思と覚悟、そして失敗を経験とした質の高い戦略があれば乗り越えられると思うし、乗り越えることができた。当時の東部農林事務所のメンバーであった鈴木勇次郎・山口厚両所長、岸田和雄水利課長、村田雄剛係長の励ましと批判に対するフォローアップは、源兵衛川再生の功労者であり、私が自由に仕事ができる環境をつくっていただいた立役者でもあり、感謝している。陰日向になっていただける支援者がいなければ困難な仕事は成就できないが、私には多くのよき支援者が現れ、市民活動と公務員としての仕事の調整事で支えてもらった。

3.11 市民・行政へのアプローチ

この親水事業をきっかけとして、計画づくりへの市民参加を積極的に誘導することで川への関心を高めるよう、事業化の一年半前から市民各層からなる様々な地元組織を設立して、市民意識の再生と高揚活動を進めた。

例えば、源兵衛川沿い関係町内会長、三島市商店街役員、中郷用水土地改良区理事長、三島青年会議所理事長、市民団体代表者から構成された「源兵衛川高度利用事業推進協議会」を設立した。先進地視察やドイツの多自然型の川づくり、街づくり、生態系などの専門家を招聘しての勉強会を開催して、市民自身が川を考えるための多種多様な情報提供を行った。

また、学識経験者や地域代表者を中心とした「三島中部地区・農業水利施設高度利用事業計画策定懇話会」を設立して、本事業の基本構想や基本計画、基本理念について検討を行い、「水の都・三島」にふさわしい、地域の特性が活かされた川づくりへの提言と助言をいただき、計画の質を高めていった。

さらに、専門家による「自然環境調査」を実施して、源兵衛川の高等植物、鳥類、淡水魚類、昆虫類等の貴重性、歴史的価値、農業用排水路の役割等を資料として簡易な冊子にまとめ、また二年間で延べ六〇回以上にわたる「川の勉強会」を開催して、川の情報提供を進めた。このプロセスを通して、調査では把握できなかった地域資源の各種情報が市民を通して直接的に集約でき、行政と市民との情報の受発信が始まり、信頼関係が深まった。

この結果、源兵衛川の改修については、昔の自然を再生する「近自然・多自然型工法」を採用することで、川に固有の自然、及び人と水との関わりの伝統を復元・再生することを事業計画の基本理念として、水辺づくりを行うこととなった。

整備の原則論として、「自然環境」については、次の三つの基本的原則が立てられた。
① 地域の自然や歴史、暮らし等の様々な特性を計画に取り込む。
② 創ることだけを前提とせず、保存、復元、改修、創造など、場に即した柔軟な対応を図る。
③ 地域の景観を形づくる素材である溶岩に着目し、多用な使い方をすることで、汎用性を持たせる。
また、「アメニティ」については、次の七つの具体的な計画指針を策定した。
① 連担した水のみちを創る。
② 既存のよいものは極力残す。
③ 既存のもので利用されているが改良の余地があるものは美しく改修する。
④ 現在、住民が川との関わりを持っている場合は、それが継続、発展する方向を目指す。
⑤ 地域に特有の材料、工法、樹種等を使用し、全域を通じて統一感のある落ち着いたものとする。
⑥ 生態系の保全、増幅を図る。
⑦ 川沿いの遊休地を積極的に公園、広場として本計画に取り込んでいく。
これにあわせ、小中学生を含め一五〇〇人の市民に整備計画についてのアンケート調査も実施して、地域情報の集積を図り、計画づくりの参考とするとともに、川づくりへの市民参加の意識を誘発した。

具体的な行動としては、月二回の市民総出の源兵衛川の河川清掃を開始した。市民自身が川に入り、川の汚れを実体験することで、なぜこんなに川が汚いのかを自分自身の問題として考えてもらうための「フィールドワーク」の機会とした。子供たちにも参加を促し、環境悪化の実態を学ぶ実践的な環境教育の場とするとともに、自分たちの努力により環境が改善される達成感と楽しさを実感させる場とした。

また、東京の人を対象とした「水辺ゴミ拾いツアー」を企画して外圧による川への関心を高めた。さらに市民募金による「水辺花基金制度」の創設、河川愛護団体の「源兵衛川・桜川を愛する会」やホタル飛び交う水辺づくりを目的とした「三島ホタルの会」などの市民組織の結成を進めた。

さらに、「水の都・三島」の水辺自然環境の改善活動を市民・NPO・行政・企業とのパートナーシップにより取り組むために、英国で始まったグラウンドワーク活動を全国で最初の実践地区として開始すべく、当初八つの市民団体が結集して「グラウンドワーク三島実行委員会」を設立した。

行政に対しては、川沿いの民家が下水道への接続率が悪かったので、「下水道普及モニター制度」を活用して地域住民同士による協力要請活動を進め、川への雑排水の放流防止を促進した。また、グラウンドワーク三島実行委員会への参加を促し、組織基盤強化のための新規補助金制度の制定(年間二〇〇万円)、環境改善活動に関わる関係課が横断的に参集した「水と緑のプロジェクトチーム」の編成、グラウンドワーク三島の担当係と職員の設置(企画調整課)、毎月開催のスタッフ会議への担当職員の参加、市民参加型行政施策の促進等市民参加を誘導するための側面的な支援体制の整備・強化・拡充を進めた。

3.12 企業協力による河川美化用水の確保

冬期の水の確保がこの親水公園化事業の最大の課題であった。夏期（灌漑期）には東レ(株)から一時間当たり最大で一五〇〇トンもの冷却水の供給を受け、安定的な水辺環境が維持されてきた。しかし、湧水が枯渇する冬期（非灌漑期）には一時間当たり二〇〇トン程度の水しか流れなくなってしまい、川としての機能が保持できない状態となっていた。これでは巨額な公共予算を投入しても水辺自然環境の再生は望めず、「水の散歩道」ではなく「ゴミの散歩道」になるのではないかと揶揄された。そこで年間を通しての安定的な水源確保が本事業の生命線を握っていると考え、その解決の糸口を東レに求め、冬期での冷却水の増量について、執拗で粘り強いお願いを繰り返した。

しかし当初の段階は、「市民自身が川を汚しているのに、川に水がないから企業に協力してほしいと要求するのは筋違い」であると、当時の東レの担当者から冷たく扱われ、真剣な話し合いに応じてはもらえなかった。彼らの否定の論拠として、「他人に要求するだけで、三島市民は川を美しくするための地道な活動をしていない。水だけが増量されれば、源兵衛川が本当に美しくなる保証はあるのか」などと指摘された。

また、企業としてこうしてあなたの話を聞いているのは、一種の危機管理の一環であり、最終的な判断はすでに出ているのだと威圧された。断ったら市民運動としてどの程度のことができるのかとも聞かれた。自分としては、もし東レがこの依頼を断ったら市民による水のリングで工場を取り囲み「水を返せ」と訴えるイベントも密かに企画していた。しかし、そんな攻撃的な市民運動よりは、市民運動の原点に立ち戻り、足下の活動から始めようと、まずは河川清掃から取り組み始めた。

その後二年ほどの歳月が経過する中で、源兵衛川の環境美化が進行するのにあわせ東レとの何十回にもわたる話し合いを経て、市民の努力も評価され、湧水が減少する冬期において、従前の一時間当たり二〇〇トンに三〇〇トンを上乗せして、五〇〇トン（その後七〇〇トンに増量）の冷却水の供給が、平成四年一二月二五日に実現した。

東レの冷却水は、一般的には工場内において三回使用され、一五℃の原水が最終的には二二℃近くになってしまう。最初は、この水を供給すると言ってきたが、これでは生態系への影響が懸念されることから、一回だけ使用した水温一六℃程度の冷却水の供給で合意が成立した。私としては、それ以降の水の様子を見ていると、東レが柿田川工業用水から購入（一トン一〇円程度）している未利用の地下水を、直接的にも提供してくれているのではないかと憶測している。そうなると、年間、数千万円分もの負担を東レが支払っていることになり、この水源確保の仕組みを仕掛けた私としても、当時の前田勝之助社長の英断に深く感謝するものである。

果たして三島市民において、源兵衛川を流れる水のほとんどが一企業からの社会貢献によって成り立っている事実を知っている人が何人いるのだろうか。今後は、富士山流域全体を見据えた、より広域的な地下水保全の運動に転換していかなくては湧水の復活は望めない。東レに頼らない、自然体での湧水復活による源兵衛川の再生が次なる仕事だと心している。

このようにして年間の通水が可能となり、生態系が維持され、昔の水辺環境の復元・再生が可能となった。市民の努力、企業の理解、行政の協力、仲介役の存在、以上四者の協働関係により、それぞれの立場と役割が明確化して誤解の糸がほどけたことが、源兵衛川親水公園化のポイントである。

3.13 グラウンドワーク三島の役割

これまでに、市民活動団体がバラバラに取り組んできた「水の都・三島」の水辺自然環境改善活動を総合的・体系的に推し進めるべく、グラウンドワークの手法を導入した。市民の参加（計画づくりへの参加、河川清掃の実施、維持管理への協力等）、行政の支援（担当課の設置、補助金の支出等）、企業の協力（資金・機材・資材・専門的・人的支援等）を促し、八つの市民団体（三島ゆうすい会・(社)三島青年会議所・中郷用水土地改良区・三島商工会議所等）が結集して「グラウンドワーク三島実行委員会（現在のＮＰＯ法人グラウンドワーク三島）」を結成し、三者の仲介役となり、地域総参加による市民内発型の新たなる地域システムの実践を進めた。

この仲介役的NPOの存在が、市民の自立性や自主性を誘発、育成し、行政の時間的、事業費的、人的制約等で果たしきれない領域の補完的役割を担い、企業の社会参加の環境づくりを行う等、三者の「総合力・全体力」を引き出すコーディネーターの役割を果たした。

市民の参加、企業の協力、行政の支援、仲介役のグラウンドワーク三島の存在、この四者の連携と協力関係により、それぞれの立場と役割が明確化してパートナーシップが生まれたことが、源兵衛川再生の成功の秘密といえる。

この夏も、源兵衛川には毎日一五〇人近い子供たちが川遊びに興じている。五月には何百匹ものホタルが水面を乱舞して幻想的な雰囲気を醸し出し、子供たちの驚きと感激の声が木々に響いている。川にはハヤやサワガニがいて、カワセミも見られる。

かつてゴミで汚れていた源兵衛川は、昔の川の原風景と子供の頃の原体験を復元・再生したいとの市民の気づきと事業への市民参加、環境改善への具体的な行動、行政の計画づくりへの市民参加の仕掛け、企業の冷却水供給の支援、仲介役となったグラウンドワーク三島の存在、三島を愛した設計者集団の存在、市民の参加を促した土地改良区の意識改革等様々な市民団体のパートナーシップにより、約一〇年間の歳月を経て、見事によみがえった。

水辺自然環境を破壊した最大の加害者は人間自身。しかし、川を元どおりに復元・再生・改善できるのも人間の具体的行動と考え方次第だ。今こそ、市民・行政・企業・仲介役的NPOがそれぞれの得意技を出し合って、地域総参加のシステムに基づいた物づくりへの変革が求められている。

4 環境特性を活かした水辺づくりへの創意工夫

4.1 住民意向調査

源兵衛川の計画策定において最も重視したのが、川づくりへの住民参加である。そのための第一歩として、源兵衛川に対する流域住民（一四町内会、約三二〇名）の意識や情報を収集・整理・分析・評価して、整備のあるべき方向性を決定するための基礎資料とした。また、三島南小学校と西小学校の児童（五～六年生、一五〇名）にも意識調査を実施して、特に遊び場としての関わりについて調査した。

今では、意向調査の実施は公共事業を実施する前提として当然のことだと思うが、当時としては余り例がなく画期的なことであったと思う。当時の上司からは、「そこまで丁寧なことをしなくては物づくりができないのか」「国の設計基準や指針があるのだから、それに従えばよいのではないか」「技術屋としての専門性とプライドがあるのか」など、いろいろな疑問を浴びせかけられた。しかし、約二年間にわたる意向調査や自然環境調査、説明会の開催などの時間の蓄積が、物づくりの真価と品質を高め、地域特性と住民意向にマッチした新たな地域資源の創造に貢献したと自負しており、「急がば回れ」の手法の有益性を実感している。

流域住民（成人）の調査結果としては、

① 源兵衛川に対する関心や、事業に対する期待や協力の意向が高かった。

② 昔はレクリエーション（水泳・魚釣り・虫取りなど、楽寿園せりの瀬から広瀬橋までと温水池の利用が多い）や生活用水（洗濯・冷蔵庫など）として利用しており、住民の生活の一部に根づいていたが、現在

では、川が汚いことから意識もなく通過的に利用しているに過ぎない。
③親水性を阻害している河川状況（排水の流入、ゴミの投棄、車の侵入、護岸、アプローチなど）に対する改善計画が明確になれば、親水公園化に対する期待（七〇％が整備を望む）は高まる。
④遊歩道化と水質浄化を主に、温水池の整備に対する要望が高いが、川沿い住民の住環境と生態系の保全に配慮した、環境特性を踏まえた計画づくりが必要である。
⑤完成後の管理運営については、行政主体を望む意見も多いが、行政と住民・ボランティアとの協働による管理運営の意向も高い。
⑥街づくりへの期待では、潤いのある住環境づくりと「水の都・三島」の観光資源の両輪を望んでいる。

児童の調査結果としては、
①いつも遊んでいる場所は、家の中が多く、川や池で遊ぶ子供は少ない。
②川や池では、魚釣りと水遊びが多い。
③川や池でしたい遊びはボート遊び。
④西小学校では七〇％が源兵衛川を知っており、南小学校では七〇％が逆に知らない。
⑤楽寿園せりの瀬と温水池付近は、地域差にもかかわらず知られており、また好かれている。
⑥現状では川や池ではほとんど遊ぶことがなく、生き物がいて、水がきれいで、水遊びができる場所への潜在的な願望が強い。

以上、成人と児童への意識調査の結果から、源兵衛川親水公園化事業での重要なヒントが見出された。そのポイントとしては、①安定的で美しい水源の確保、②水に親しめる水辺空間形成、③昔の水辺景観の復元、④自然環境の再生——などを強く望んでいることが判明した。これらの意向を計画策定の「基本要因・前提条件」に位置づけ、具体的な施設デザインの検討を進めた。

さらに、詳細な個々の箇所の現地情報や歴史的・文化的資源の抽出については、意向調査結果を議論の材料として活用し、古老や子供たち、流域住民、市民、専門家などから詳細に聞き取っていった。

とにかく、事業地区の正確な実態把握と住民意向の核心・本音・各論を的確に引き出すためには、その前提条件となる整備内容への意見・提案・希望などへの充分な聞き取り時間の蓄積が必要とされる。この情報と意向の蓄積段階で、年度予算や段取りに制限され機械的・画一的に物事をまとめてしまおうとすると、未消化の議論で終わってしまい、住民の主体性や自立性を醸成していくまでの物づくりのプロセスが未消化となってしまう。源兵衛川においてはこの点に最大の神経を使い、市民への説明会の開催回数は三年間で一〇〇回を超えている。

このある意味では果てしない議論と検討の時間の中から、親水事業や市民活動に対して関心や参加意欲がある人々が現れ始める。今も三島ゆうすい会やグラウンドワーク三島の仲間として活躍している、塚田冷子氏（三島ホタルの会）、越沼正・佐伯忠夫・瀬川義恭・間野孝次の各氏（源兵衛川を愛する会）、中西康徳（桜川を愛する会）、大村洋子・小松幸子・原知信・渡辺研二・杉橋芳夫・岩田重理・青木利治・富田庄司・山梨一正の各氏（三島ゆうすい会）や三島梅花藻の保護に努力されている小浜修一郎・広川敏雄・青木隆俊の各氏、広小路商店街役員の高島好春氏などが、数多くの説明会に参加し、積極的な発言により事業計画の取りまとめをリードしてくださった。

その真摯な議論が「信頼の絆」となり、様々な市民団体の先導者としての役割を相互に担っていただき、基盤整備と環境整備の両輪が円滑に推進されたと考えている。強い情熱が賛同者を引きつけ、その強い意思が伝達され、物事が胎動する創生期の時期だった。

4.2 自然環境調査

源兵衛川の川づくりの本質的な目的は、この工事をきっかけとして「水の都・三島」の原風景・原体験を再生・復活することにある。まさか、この親水公園化の整備工事により旧来から守ってきた貴重な水辺自然環境をかえって傷つけ壊してしまうことになったら、この事業を実施する意味も意義もなくなってしまう。

確かに、当時の源兵衛川の水辺環境は自然度が高いと誇れるような代物ではなかった。長く続くこの負の状態から、土地改良区や一部の住民は余りの環境悪化の進行と今後の見通しに嫌気がさし、埋め立てによる暗渠化やコンクリート水路への整備を三島市に要望していた。そこで、このままでは歴史的な地域・環境資源が消滅してしまうとの危機意識が私たちの活動の原点になっており、自然環境の保護・保全はこの事業化の大命題となっていた。

そこで、まずは徹底的な自然環境調査を実施して、自然の現況を専門的な観点から把握しておくことが重要であると考えた。「川岸に保存すべき樹木はあるのか」「水質の判定に役立つ指標生物としての水中昆虫はどんな種があるのか」「鳥類は流域のどのあたりで多く見られるのか」「飛行には源兵衛川をルートとして利用しているのか」などを調査して、計画を策定する上での重要な指針とした。

この調査計画の業務発注の是非についても当時の農林事務所の中で議論となった。いわゆる環境アセスメント調査は大河川や高速道路などの大工事において実施すればよいものであり、こんな小さな農業用水路、それも街中を流れる水路において本格的な自然環境調査を実施する必要性と根拠があるのかと指摘された。とにかく役所は、最初に取り組む事柄に対しては非常に神経を使う。実施理由についてはとにかくさんざん注文をつけられ、県単独土地改良調査費として対応することが適切であるのかの議論にまで至った。

一方で、この頃から公共事業による自然破壊の弊害が全国各地で問題となり、住民の反対運動の激化により工事が中止・休止となる地区も出始めていた。そんな社会醸成の後押しもあり、時間はかかったが源兵衛川親水公園化事業の意義と工事実施にいたるプロセスの重要性を賢明に上司に説明し、理解をしていただき、県内最初の自然環境調査に着手することができた。

まさにこの調整期間は、「公共事業は一体誰のために実施するのか」の試行錯誤のプロセスだと思う。川は人間のためだけに存在するものではなく、あまねく動植物にとっても、この街中の水辺自然空間は重要な生息環境であり、そこに生存する立派な権利をもっている。土地改良施設としての役割だけに注目し、受益者の意見や利害にのみ固守して、合理的・効率的・装置的な機能に一方的に改修・改変してしまうのは、やはり人間としての強欲・独善的な判断と行為であり、多様な機能を付加できるような創意工夫と知恵が求められている。源兵衛川の自然環境調査は、その必要性と有益性を見事に実証したと思う。

調査は平成二年一二月に六回実施された。調査結果として、高等植物（種子植物、シダ植物）六四種、鳥類二二種、淡水魚類一七種、甲殻類五種、貝類一種、昆虫類五一種、腔腸動物一種、環形動物二種の動物総計九九種が確認された。

分布相の特徴的事項としては、

高等植物：冬季の調査であり限られた植物しか確認できなかったが、清流性の水中植物がやや豊富に見られること以外は平凡なものであった。

鳥　　類：予想以上の種類数が確認された。これは、①川沿いに比較的豊富な自然環境が残され、②それが連続的に存在すること、③川の周辺に比較的人影が少ないこと、などによるが、水鳥類などのように水そのものを必要とするものもある。

淡水魚類：予想以上の種類数が確認された。ホトケドジョウやアブラハヤなどが確認され、温水池ではアユの群れが目撃された。

昆虫類：六目一四科五一種という数は比較的豊富な昆虫相といえる。特に、清流性の種と汚水性の種の混在が特徴的である。この川の現状が基本的には清流の特徴を持つと同時に、生活排水などの混入によって部分的に強く汚染されていることによっていると思われる。

また、七つのゾーンについても四項目の生物調査を実施して、各ゾーンの調査結果を取りまとめた。私たち三島っ子にとって今まで何気なく見てきた源兵衛川の動植物の実態が、具体的な種類名や写真によってさらに鮮明となった。その後の地元説明会の中では、調査できなかった動植物の名前がたくさん情報提供されたし、地域住民にも以前よりは川が身近な存在として感じられるようになっていった。この自然環境調査の情報提供が、住民サイドが施設デザインを考える上での基本的な要素・前提条件として活用されていくし、今後の施設の維持管理を考える上でも、前提条件としてさらに活用されていく、重要な「川の情報・川の財産」となった。

以上、自然環境調査に基づき、源兵衛川流域に良好な自然生態系を出現させるための諸条件として、次のような「源兵衛川エコロジカル・デザインの五原則」が提言された。

① 岸辺の自然状態の復元を
② 川底の構造の多様化を
③ 蛇行など流路線形の多様化を
④ 生き物の聖域部分の確保を
⑤ 川沿いの樹木の豊富化を

4.3 「都市と農村を結ぶ水の道」の構想

住民意向調査や自然環境調査などの基礎調査結果と住民参加の体制づくりといえる計画策定懇談会の議論を集約する形で、源兵衛川親水公園化事業の「基本構想」を取りまとめた。河川改修という土木技術を優先した単純な川づくりではなく、住民意向、自然環境、子供たちの遊びの視点、観光資源の活用、歴史的・文化的価値、農業用水路としての特殊性、生態系の復元、安定的な水源確保など、多種多様な要素を有機的に結合した構想づくりを進めた。

特に、川づくりの基本コンセプトづくりには多くの時間をかけた。源兵衛川の特性を踏まえ、川づくりの理念や目標が、土地改良区を含め、地域住民・市民・商工業者など多くの利害者どうしの間で共有・合意されていなくては、今後の維持管理や街づくりへの利活用を進めるにしても、その基盤となる施設として位置づけられなくなるからだ。

そういう意味合いで、長い間、源兵衛川の環境維持を通して対立関係にあった土地改良区と地域住民とが、源兵衛川の親水公園化を通して結ばれ、よりよい農業の維持と潤いのある三島の地域づくりを目指して、「都市と農村を結ぶ水の道」という全体構想を策定した。

川が都市と農村を結びつける「信頼の絆」になれば、川は汚されることはないし、双方にとっての有益な財産として大切に維持保全していける。上流（三島市街地）と下流（中郷農業地域）とが対立の関係から信頼の関係に移行できれば、結果的には川はより美しく変身していくことになる。さらに、そこに住民参加の仕組みが付加されれば、子供たちが川に戻って来るし、生態系の増幅も図られ、魅力的な水辺空間がグレードアップされ、多くの人々が川に集うようになる。この先見的な仕掛けと構想が源兵衛川のコンセプトに隠されている。
「構想の骨子」は、
①　源兵衛川及び温水池を農業水利施設として保全管理する。
②　流域市街地の水辺を親水空間として整備し、潤いのある生活空間を創出する。
③　流域の植生（沿岸、水中）を豊かにすることにより、生態系の増幅を図る（エコロジー・アップ）とともに、水生植物等による水質浄化を図る。
④　源兵衛川の整備拠点に「水」及び「みずと人間のかかわり」を学習・体験する施設を設け、市民の水に対する関心を高めるとともに、「全国湧水サミット」等を開催し、内外に三島の水文化をアピールする。
⑤　本構想を三島市の親水空間整備のモデル構想に位置づけ、今後他の河川の整備や水緑空間づくりに波及させる。
とした。
また、基本調査の結果と基本構想を踏まえ、「整備の原則」を、次のようにまとめた。
①　既存のいいもの(美しいもの、歴史的価値のあるもの等)は極力残し、積極的に計画に取り込む。〔護岸・樹木・橋・記念碑等〕
②　既存のもので利用されているが、改良の余地があるものは、美しく改修する。〔洗い場・堺・中州等〕
③　現在住民が川と関わり合いを持っている場合は、それぞれが継続、発展する方向を目指す。〔川辺の植栽・清掃・水遊び・浜降り等〕
④　河川全域を遊歩道でつなぎ、市民が日常生活の中で川・水・緑との関わりを取り戻すことのできるような施設及び景観の整備を行う。
⑤　地域に特有の材料、工法、樹種等を選択使用し、全域を通して統一感のある落ち着いたものとする。〔溶

岩・ハンノキ・エノキ・三島桜・ヤナギ等｝

⑥ 生態系の保全・増幅を図る。｛川岸の植栽・水際の水生植物・空石積の多孔質の護岸・鳥や昆虫の生息場所の確保｝

⑦ 川沿いの遊休地を積極的に公園・広場として本計画に取り込んでいく。また、周辺駐車場等のオープンスペースの緑化を図る。

⑧ 計画、工事、完成後の管理の段階で、住民参加を原則として、住民の意見を取り入れながら事業を推進する。

現在、完成した源兵衛川の姿を見ると、整備の骨子や整備の原則が見事に具現化され、機能している。最大の「証し」は、川遊びに興ずる子供たちの歓声だし、川辺を乱舞するホタルの輝きである。川づくりにこれだけの配慮と神経を使い、生態系の専門家や設計者グループを動員し、住民の意見を尊重して公共事業を進めた事例は全国的にも珍しいと思う。その効果は、住民の自立性を誘発し、今も美しい水辺空間が管理運営されている。まさに、コンクリートの中に、川を愛する人々の「思いと魂」が入ったのだと思う。工事前の時間をかけた入念な仕掛けと先を見通した長期的な戦略・マネジメント力がいかに重要なことであるかを実証している好事例だ。

4.4 各ゾーンの特性に合わせた計画づくり

さらに、基礎調査によって楽寿園内、小浜池から温水池までの源兵衛川流域における様々な特性が明らかになった。その特性にあわせ、流域内を八つにゾーニングして、ゾーンごとにそれぞれの場所をより以上に魅力的にするための『テーマ』を設定して、整備方針と整備内容を決め、実施設計を進めた。

第1ゾーン『水の誕生』

・源兵衛川の水源地、楽寿園内「せりの瀬」を水源である湧水とふれ合う場とし、川の誕生を体験させる場とする。

第2ゾーン『水の散歩道』

・現況の良好な環境は維持しつつ、源兵衛川の中に散歩道を設け、川や川辺の樹木や水中植物の美しさ、大切さを体験できる場所とする。

第3ゾーン『水と思い出』

・三石神社周辺は神社の境内という特性を活かし、場所の機能を整理することによって、狭い敷地を有効に使う。

・宿場町としての歴史と落ち着きを感じさせる場とし、水にまつわる信仰、儀式、祭りなどを、水辺での憩いと遊びを通して意識できる場とする。

第4ゾーン『水と出会い』

・川に接しにくい状況を改善するため、「川の道」を設け、日常的に川に接することができるようにする。

第5ゾーン『水と文化』

・市民が日常的に利用できる場にすることによって、いつでも水にふれ、水に親しみ、水を知り、水について考えることができる落ち着いた粋な空間にするとともに、佐野美術館に接続する文化ゾーンを形成するための拠点とする。

第6ゾーン『水と暮らし』

・庶民的な住宅地という場が持つ雰囲気を活かし、日常生活での水とのふれ合いの場とする。

・三島桜の並木を増やし、近隣の花見の場とする。
第7ゾーン『水と農業』
・市街地と田園地帯の接続点として、人と自然・都市と農村の関わりを感じる場とする。
・市営グラウンドの一部を青空市場のための広場として整備し、農産物の販売を通して市民の交流を図る。
・国道一号線をスムーズに通過して温水池へとつなぐ。
・第6ゾーンから温水池につながる三島桜の花見の場とする。
第8ゾーン『水と生命』
・現況の自然度は高くないが、そのポテンシャルは高いことから、植生を豊かにし、生物の観察などにより生命の大切さを学ぶ場とする。
・水生、湿生を復元しつつ、植物による水の浄化を図るとともに、水質の監視を行い、またそのシステムを学ぶ。楽寿園、吉野水苑と並んで、大きな緑の集積を目指す。
・池や農業用水、周辺用地との関連を通して、自然と人間の関係を学ぶとともに、都市と農村の共存のあり方を考える場とする。
・周辺の農村風景や富士山など、景観的なポテンシャルの高さを活かし、市民の憩いの場とする。

4.5 総論と各論の調整に奔走

こうして、源兵衛川の特性を踏まえた基礎調査や基本構想、基本計画が策定された。この経過の中では、「源兵衛川高度利用事業推進協議会」や「計画策定懇話会」などとの活発な議論と検討が繰り返され、さらなる事業内容の詰めが進められた。私も、事業主体者としての立場である「公の領域」と、三島ゆうすい会やグラウンドワーク三島の事務局長としての立場である「私の領域」とを使い分け、話し合いに望んだ。行政側としては、できるだけ住民の意見や提案が取り入れられるような行政側の柔軟性の確保と設計条件の緩和を行い、NPO側としては、多くの説明会の開催など住民参加の機会を増やし、積極的な意見具申と住民主体の管理運営への理解と参加意欲の醸成を図った。

しかし、源兵衛川の再生にはほとんどの住民が総論的には賛成していたものの、いざ現場での工事の話となると自分の利害を優先させ反対者や話を聞かない住民も現れ、基本構想が絵に描いた餅になる危険性が出てきた。

たぶん県や国が事業主体者となり事業推進を担っている場合は、この調整作業は市町村や土地改良区などに押しつけるのが一般的だろうし、時間をかけた丁寧な説明会の開催などあり得ず、その場しのぎで終わってしまうものだと思う。そして、結局は行政側の意向に沿った整備内容で、工事が実施される。これでは住民サイドは、自分たちがいくら一生懸命に考え、提案しても、少しでも文句を言ったり批判をすれば無視されるのだという行政不信と諦めの気持ちが湧いてしまう。その結果、今後の施設の維持管理などへの関わり合いは考えようもない有り様になると思う。

この合意形成段階の手抜きが、現在も公共事業の物づくりのプロセスに蔓延・常態化しており、結果的には、施設が地域のものにならず、行政主体の維持管理の仕組みが継続し、施設構造的にも地域特性を軽視した陳腐な施設が出来上がってしまう。これこそ、「税金の無駄使い」である。

行政マンは、一体誰の付託を受けて、公共施設を建設しているのだろうか？　お客様である市民の要望を充分に汲み取らないで物づくりを進めることは、「税金泥棒」と同じである。民間では、消費者ニーズに合わないものをつくって売れなかったら、その関係者は即刻責任をとらされ、クビか降格だ。行政には、民間では当たり前の「評価・検証システム」が制度として未整備であり、消費者ニーズを的確に汲み取る制度の制定や必要性の議論も余りない。

私がＮＰＯの事務局長として、二つの看板、立場を維持しているわけは、まさにこの点にある。ＮＰＯの事務局長として、その活動の現場は地域・町内であり、納税者の目線、感性の中に常に身を置いている。よく仲間と一杯やると、特にボーナス時期などは、公務員は世の中の不景気に無関係で甘えていると批判を受ける。その他にも、「言葉使いや接遇の未熟性」「たらい回しや縦割りの組織弊害」「役所言葉の難しさ」「法律用語の乱用」「態度の横柄さ」「意思決定の遅さ」「柔軟性の欠如」「個性の埋没」「現場に出向く頻度の少なさ」など、たくさんの批判を浴びせかけられる。この批判が行政マンとしての反省の材料だし、こんな感懐で自分たちは見られ、評価されているのだという「行動と判断のリトマス試験紙」だと感じている。ＮＰＯの現場は個人の「自己表現の夢舞台」でもあるし、行政マンとしての自分を見つめ直す「反面教師・マジックミラー」のようなものでもある。

行政マンは、もっとたくさんＮＰＯの現場や地域に出向いて、社会貢献活動に奔走したほうがよい。そこは行政マンとしての生きた「行政情報の収集場所」であり、行政側の「情報提供・公開の場所」でもあるのだ。県民の現場に立たず、役所だけで仕事をしている公務員からは、市民の目線に合った説得力ある施策は生まれてこない。

●第２ゾーン『水の散歩道』での調整

源兵衛川は、とにかく「説明と議論・調整」に膨大な時間を費やした。「水の散歩道」の場合、整備前には、川は自分の家の裏庭だったところであり、他人から覗かれる心配は皆無だった。そこがオープンスペースとなり、二四時間、公共道路と同じように人々が行き交う遊歩道になるのだ。水に親しめる場所の整備は確かに大賛成だが、私の家側には設置しないで、と反対される。皆さんであったら、どのようにして彼らを説得しますか。

私は、この区間の親水性の素晴らしさや自然環境の貴重性を説明し、また、子供たちの川遊びへの期待と要望の大きさを伝えた。さらに、あえて歩幅を不均一にして歩きにくくブロックを配置し、夜間用のフットライトはこの区間には設置せず、より歩行上の危険性を増すように設計した。さらに、希望があれば遮蔽用の生け垣か防護柵を行政の責任で設置するとの「覚書の締結」を周辺住民に確約した。

それでも、最後まで数人の住民が徹底的な反対の意思を表し、前途に不安が高まった。その時お願いしたのが、町内会での説得であった。地域全体の住民の源兵衛川再生への強い希望を反対者に伝えてもらうことにより、反対者の個人的な主張は萎縮し、最終的には合意していただいた。まずは、説明会段階で個人説明を優先させないで、関係者全体の理解促進と合意形成を図ることに多くの時間を費やしてきた戦略と手法が功を奏したのだと思う。

行政の用地交渉は、とかく地域全体の合意形成をなおざりにして、直接的な地権者対策を優先してしまう。この交渉が行き詰まると町内会に調整を依頼する。しかし、町内会への充分な説明と多くの住民の総論合意が前提になくしては、町内会としても動けない。そして、交渉はますます複雑化・混迷化していくのだ。

●第4ゾーン『水と出会い』での調整

「水の散歩道」を連続させる案があり、この区間にも設置する計画となっていたが、この川辺には樹木や湿地帯が多く、ホタルの生息空間やカワセミの飛行ルートになっていることから、当初計画ではこの区間は未整備とした。しかし、平成九年、街中がせせらぎ事業による整備の中で再度要望が出され、既存の施設の環境への影響や観光的な効果を鑑み、「水の散歩道」を設置することになった。

そこでは、グラウンドワーク三島が重要な調整役となった。歩道の位置、高さ、線形、環境への影響度、管理手法など、現地での実証実験の実施を含め、住民との度重なる話し合いも含めて是非論を議論した。自然環境調査を依頼した専門家からもその施工に対して疑問の声があった。しかし、親水性の拡充と観光資源の強化を優先させ、市民による環境監視の整備を条件として、彼らの賛同もいただいた。

しかしながら、この整備は危険性も内在している。最近は、増大するウォーカーによる騒音やゴミ放置も目につく。私たち市民団体も、継続的なモニタリングや清掃活動の実施を行いながら、カワセミたちと共存・共生できる環境づくりに努力していきたいと決意している。物づくりの始まりは、管理との戦いの始まりであり、動植物や人間への配慮・心配の始まりでもある。行政では、施設とのこのような、深い、永遠なる付き合いはあり得ない。行政とNPOとの協働の姿と相互補完のシステムは、今、源兵衛川で見事に実証されているのではないかと思う。

●第7ゾーン『水と農業』での調整

下流側の親水施設の評価と隣接する境川・清住緑地における自然環境の優位性から、生態系の復元をより以上に重視する観点が強化され、第7ゾーンでの自然化強化への計画変更がなされた。左岸のコンクリート護岸を撤去し、市民グラウンドから川辺に緩やかな斜面でつながる水辺空間が平成五〜七年にかけてつくられた。

　ここの特徴は、景観計画として、地域住民からの昔の原風景の聞き取り情報と境川・清住緑地の地形・植生をモデルとして、川辺にはエノキ、ムクノキ、ヤナギを、中州にはハンノキを中心に植栽し、のびやかで開放的な緑地空間を創り出したことである。中州の回りの細流では、溶岩礫《れき》や挺水《ていすい》植物による浄化も行われている。

　ここでは、市民グラウンドの使用者と三島市との調整を行った。グラウンドが手狭な状態なのに、その一部を川辺に改変してしまう提案である。当然、スポーツ団体から猛烈な反対があり、また、親水公園の安全性への懸念も噴出した。また、コンクリート護岸を壊すことにも治水対策上問題があると市の河川サイドから疑問が出された。ここでの対応方法として成功をもたらした秘訣は、想定される疑問に対して的確に回答できるように事前に「工法的な対応策を立案」しておいたことにある。その素案の適否を打診すべく、利用者や管理者への意見の聞き取りに奔走し、議論を重ねた。

　グラウンド利用者へは、スポーツとともに環境教育の場ともなり、川遊び、魚釣りなど、新たな楽しい空間ができるメリットと、公衆便所の新設整備を提案した。河川管理者には、土羽《どは》の護岸内にコンクリートの擁壁を埋め込むことによって護岸保護を図ることを説明して、双方の関係者の同意を得た。

　自然度のアップについては、反対者は少ない。しかし、現場での各論段階では、設計者や企画者の創意工夫と技術的なアイデアが隠されている。多くの仕掛けやグループの果てしない話し合いの中から、多様なアイデアが生まれてくるものだ。やはり仕掛け屋側の人材の多彩性が斬新で画期的な先導的アイデアを生み出していく。そのグループをどのようにして組織化し、信頼の絆で結び、運営していくかが調整役の仕事であり、成功の秘訣となる。

●第8ゾーン『水と生命』での調整

ここは昔、四本の河川が束のようになって流れる湿地帯であった。農業用水の水源となる湧水の水温を上げるために、昭和二八年に「温水ため池土地改良事業」として整備された。池周囲は住宅や農協施設、小中学校が建ち並び、雑然とした風景となっていた。とはいえ三島では最大の水面をもつ池であり、冬の晴れた日には水面に映る「逆さ富士」が美しく、愛着をもつ市民も多い。

整備前の池の状況は、水際が石積みやコンクリート壁で固められ、一部住宅地の隣接部分には防護柵が施され、全国どこにでもある、人を排除する「農業用のため池」であった。上流からのヘドロも堆積し、悪臭を放つなど水質的にも問題があり、池の魚はブラックバス一辺倒になっていた。地域からは汚く、危なく、面白くない池として厄介者扱いされ始めていた。地主である土地改良区にも、温水池としての役割が不必要なことから、埋め立てて駐車場や宅地分譲に転用することも検討されていた。

今回、水辺を土手に戻し、中州を造って水際の長さを増やし、浅瀬によって水温を上昇させ、水生植物による水質浄化を図ることで、かつてのような多様な生き物の生息環境を創り出す計画を立てた。水際にはヨシやマコモを移植し、メダカやオイカワの産卵場所とした。池周辺は散策できる遊歩道を配置し、水際にはヤナギやハンノキなどを植えた。今では自然が戻り、素晴らしい水辺緑地（大ビオトープ）になっており、隣接の小中学校の環境教育園としても活用されている。

しかし、工事着手前の合意形成には、五年の歳月と困難が伴った。とにかく、「いつでも死ねる池をつくりましょう」が謳い文句だった。この冗談を言うと、実際に過去に溺れて死にそうになった子供がいたそうで真剣に怒られた。

まず、管理者である土地改良区の合意形成を進めた。組合員の大勢は一部の土地の売却意向に傾いていた。しかし、上流側の親水公園化の成果と効用を説明し、堆積しているヘドロの除去、将来的に安定的な恒久水源の確保と水質改善の確約、補給用水の確保(境川より導水)、中郷地域での区間整理事業への取り組み、梅堀・安久堀の親水整備事業への取り組みなどを条件として同意を得た。特に、温水池には貯水機能が求められていないため、水際に遊歩道を設置することで湖の面積を縮小することを認めてくれた。このことへの理解は大変ありがたく、上流部での親水整備の効用が維持管理費の軽減に直接的につながることを組合員が理解し始めたことが協力姿勢の大きな要因だと思う。

難題は、池周辺の地域住民と、隣接する南小学校と南中学校のPTA関係者であった。話し合いの場で意見が百出した。「水際に子供が近寄れる池なんて、そんな危険なものをなぜつくるのだ」「蚊やヘビが出るような湿地帯があるのは気持ちが悪い」「中州をつくることで鳥がたくさんきてうるさい」「釣り人が集まり危険で汚れる」「誰がこの池の管理をするのか」「夜の安全性は大丈夫か」「水生植物が燃えて火事にならないのか」「子供の通学路になるが、池に落ちたらどうするのか」「水際で子供が溺れたら誰が責任を取るのか」「保険はどうなっているのか」など、工事の規模が大きいことから、賛成よりも反対の意見が圧倒的に多かった。

たぶん一般的な農業用のため池の改修であったら、これだけの意見調整に限界を感じ、従前どおりのコンクリート製の機能を踏襲した「安全性優先」の改修工事を実施してしまうと思う。しかし、今回はあえて、コンクリート製の人工的な池から「自然度の増幅を優先」した水辺緑地への改修を志した。フェンスがなくても、安全できれいなため池の改修を目標としたのだ。

その前提となるのが生態系重視の池の設計内容だ。住民に対して数多くの説明会を開催して、今回の工事内容について詳細に説明した。上流部で進めている親水工事の内容や効用も、現地説明会を開催して情報提供した。生態系の循環システム(まず蚊が発生するが、トンボが飛来し食べ、そのトンボを餌に鳥やコウモリが来て食べ、いなくなってしまう)や、池の多様性の重要性(今までは皿池であり、ブラックバスのみが生息している。しかし今度は浅瀬や深い所があり、池底や水際に流れや環境の多様性が生まれるので、日本メダカやアユなども、たとえブラックバスが再度放流されても共存できる水環境ができ、動植物の多様性が担保される）など、写真などを多用してわかりやすく説明した。また、水際の安全性への対策についても、足をとられない石積みの設置や、溺れてもつかまれる木杭・ロープの設置などを説明した。

強烈な反対者は、隣接する町内会であった。ふだんほとんど池との関わり合いはないのに、親しめる池の工事には反対の意向が強かった。その理由としては「管理と安全性への心配」であった。管理については、三島市とグラウンドワーク三島との協働により、生態系の維持とのバランスを図りながら対応することで理解を求めた。安全性については、土地改良区が所有者であることから、従前の保険金額を倍増し対処することとし、それ以外は技術的工夫と、グラウンドワーク三島と地域住民とでつくる地域安全監視システム（子供への一言運動等）の構築を提案した。

しかし、反対者は余りにも他人依存型・権利主張型で、私たちの意見を真摯に受け取ってくれなかった。この時、説明会の席で当時の藤沢孝理事長から強烈な発言が町内会に投げ掛けられた。「一番の権利者である土地改良区が合意し、協力を求めているのに、五年近くもの間、文句ばかりを言い続けるとは何事か。そんなことなら、土地改良区が町内に道路敷として貸している土地を封鎖する」と発言された。これには町内会も驚き、最終的には合意が得られた。

たぶんあの時の藤沢理事長の発言がなかったら、合意形成にさらに時間がかかり、今のような自然度の高い大ビオトープは完成していなかったと思う。彼の先見的な考え方と勇気ある行動に感謝するものである。

やはり、どんな困難があってもやり遂げようとする「強い意思」と「粘り強い忍耐力」、そして「冷静な判断力」、「専門的な技術力」と「代替案の提案力」など、多様な能力と資質の蓄積が必要とされる。行政の中では、この多様性には限界がある。すべての面で、すぐにコンサルタントや専門家に外注してしまう。多様な知恵のリングが組織内部にはないのだ。しかし、グラウンドワーク三島は人材の宝庫だ。単一の基準や今までの経験則で判断・対応できないことでも、人間的な専門家のネットワークを駆使して、代替案や現場に則した対応案を迅速に提案してしまう。改良案の計画構想図が必要となれば、即座に準備できる。この迅速性と柔軟性があるからこそ、市民からの信頼を勝ち得ることができるのだ。

行政では、「予算が必要だ」「上司の判断・決裁が取れない」「他地区とのバランスがある」「当初計画にないことはできない」などというばかりで、その場の要求や雰囲気に合わせた「臨機応変な対応」ができない。やはり源兵衛川再生の成功の秘密はグラウンドワーク三島の「全体力と調整力」によるところが大きいと思う。問題が複雑化し、利害機関が増えれば増えるほど、その役割と存在は重要性を増すと思う。

4.6 環境モニタリング調査

本事業の特異性のひとつは、親水化工事における生態系への影響を調査するための「自然環境追跡調査・モニタリング調査」を行ったことである。実施期間は平成五年から九年にかけてで、五回の工事後の追跡調査を実施してきた。

特に、第2ゾーンでの追跡調査のまとめとしては、

① 工事の影響

一時的な影響はあったが、水生植物も魚の個体数も工事前に戻っていた。

② 人間利用の影響

川の中に人が気軽に入れるようになったことによって、カワセミの飛来が減少した。ただし子供たちが取った魚を持ち帰らず、再度放流する暗黙のルールが出来上がっていた。

③　河川管理の影響

五月に実施される市民による一斉清掃により、水草が抜き取られ打撃をうけている。ホトケドジョウやアブラハヤが減少したのも、水生植物や土の堆積部分の排除による影響と考えられる。また、コカナダモの繁みやトンボの幼虫、コカクツツトビゲラも激減した。

以上のことから、水生植物や河床の植物片は魚類や昆虫類に貴重な餌場や生息場所を提供していることがわかった。よって、市民主体の管理マニュアルを策定して、各ゾーンの特性に合わせた管理のあり方を検討することになった。

なお、八年の工事期間に、ゾーンによっては護岸改修により生態系が格段に向上したところ（ゾーン7・8）もあれば、現状維持のところ（ゾーン3〜6）や、大きなダメージを受けたところ（ゾーン2）もある。特にホトケドジョウについては絶滅危惧種となっており、県内でも三か所しか生息が認められないことから、ゾーン5にある水の苑緑地にある池を「ホトケドジョウがすむ池」に改良する案も提案されている。また、カワセミについても、人間との距離間の維持が大事であり、「三島市の鳥」でもあることから、共存できる環境づくりが必要とされる。

源兵衛川の整備のコンセプトは水辺環境の再生・復活である。人間と自然との距離間が接近したことにより、水辺環境へのダメージも増大する。工事中の影響調査もさることながら、完成後も水辺環境の変化を把握するための追跡調査が必要となる。自然再生には時間がかかり、人間と自然との持続的な共存関係がなければすぐに傷つき、壊れてしまう。グラウンドワーク三島の永遠なる仕事でもあり、責任でもある。行政では成し得ない役割と隙間を埋めていく、役割分担の協働作業だと思う。

4.7 住民主体の環境管理マニュアル

源兵衛川では、親水公園としての快適な水辺環境の維持とともに、川に生息する生き物たちにとってもすみやすい環境を維持するため、草刈りを中心とした管理方法の「環境管理マニュアル」を策定した。一般的には、水生植物などが繁茂すると機械的に一網打尽に刈り取ってしまう。これでは川の本来の自然を再生するための管理にはならず、逆に生態系にダメージを与えていることになる。

住民主体の管理システムの体制づくりに合わせて、各ゾーンごとにそこの環境特性に合わせ、四季折々どんな管理をしていったらよいのか、三島市や土地改良区も含め、地域住民への徹底的な説明会を開催して理解と協力を求めた。

今までの失敗例として、親水公園化が完成した当初、蚊の大発生が起こり、市役所に抗議が殺到した。市役所は我々に相談なく脱皮を防ぐ薬を散布してしまい、その結果、その付近に生息していたホタルの幼虫も脱皮できず死んでしまった。「生態系の循環」を知らない無知から来る事件だと思うが、二度とこんなことが起こらないように地域住民に対しての一つの環境教育の教材でもある。

管理の仕組みを植物の種類名や図解で説明することにより、具体的なイメージで源兵衛川の自然度の重要性と維持管理の方法が理解される。行政においては、ここまでの行政・住民サービスは難しいと思う。NPOの真価は、この「丁寧さと完璧主義」にあるのだ。

管理の原則

① 管理の方法

・ゾーン別管理マニュアルに特記ない限り、草の根元から取る。

・セイタカアワダチソウ（外来種）は根っこから抜き取る。

・刈り取った草は必ず搬出する（河川内の有機物を多くしないため）。

② 草刈りの時期

・梅雨時（五～六月、または梅雨明け直後、二回実施）

・真夏（八月、三回実施）

・晩秋～初冬（一一～一二月、二回実施）

③ 植物の保護

ミシマバイカモ、エビモ、ヤナギモ、セキショ（在来種）、オオカナダモ、コカナダモ、オランダガラシ（外来種）等の沈水性植物、及びセリ、トキワツナクサ（在来種）は刈り取らない。外来種でも保護するのは、現状底流水中の植物が少ないため、水生昆虫・魚・小動物の生息環境を守るためだ。ただし、オランダガラシのように大繁殖し水路をふさぐような場合は、半分まで刈り取ってもよい。

④ 水生昆虫及び魚の保護

ふだん目にすることはないが、源兵衛川には多種多様な水生昆虫（カゲロウ、トンボ、トビゲラ、ユスリ蚊等の幼虫）がすんでいる。これらの昆虫は淵や瀬に多く生息し、魚のエサ場にもなるので、こうした環境を保護・保全する。淵に堆積した礫泥や落葉は昆虫や魚のすみかなので取り除かない。

⑤ 生け垣やブッシュの保護

川沿いの生け垣やブッシュは、川筋を移動経路としている鳥類にとって安全な目隠しになり、セミ・ハチ・チョウ等の繁殖場所にもなっている。そこにからまるツル性の植物は美しい花や実をつけ、人の目を楽しませる。こうした生け垣やブッシュの管理は、余り刈り取らず、間引きなどの手入れをする。

⑥　川清掃の方法

川清掃は原則としてゴミ拾いに限定し、水生植物、岸辺の植物、河床に堆積した落葉は除去しない。また、護岸の石積みやコンクリートの僅かなすき間に生えているシダ類や地衣類も取り除かない。

⑦　管理の見直し

①～⑥の方法により管理を行い、生態系の変化を観察した上で、数年後に見直しを行うものである。

当初、この管理マニュアルは印刷して町内会や三島市の管理担当者に配付し、配慮と理解を求めた。源兵衛川を愛する会のメンバーも十分にこの内容を熟知して履行している。しかし、長い歳月の中で管理の原則が風化してきているので、グラウンドワーク三島としては再度、水辺観察会の開催や子供水辺探検隊とリバーインストラクターの養成などを企画して、フォローアップを図っていく。

4.8　環境学習への活用

美しくなった源兵衛川を、学校教育の総合学習・環境教育の生きた教材として活用している。「水辺出前講座」として、三島ゆうすい会やグラウンドワーク三島のメンバーが要請のあった小中学校に出向いている。講座の内容は、源兵衛川再生物語、水辺の植物、水車づくり、ホタルの飼育方法、トンボの不思議、「水の都・三島」の歴史と文化など多彩だ。また、「遊水なんでも探偵団」を組織化して、現場での水辺自然観察会や水遊びや魚釣りのやり方を教えるイベントも開催している。

美しい水の中に入った子供たちは、元気だ。無口でおとなしかった子供も、歓声をあげてはしゃいでいる。私たちの子供の頃と同じ風景が再現されたといえる。自然の楽しさや怖さを知った子供たちは、自然を愛し、大切にする。次世代の後継者たちは、源兵衛川の環境再生とともに増加している。難しい言葉や理屈による環境教育よりも、困難を伴った川再生の戦いの後の実践的な成果と現場が、間違いなく子供たちを変えていく。

川の清掃に努力し、無心にゴミを拾い続ける親と大人の背中には、力強い説得力のオーラが漂う。今後とも、源兵衛川の環境保全に努力し、子供たちにより以上の感動の機会と瞬間を与え続けたいと決意している。

源兵衛川「遊水なんでも探偵団」

4.9 景観特性の尊重

平成一六年六月に「景観法」が公布され、一二月には施行となった。これによって、個別の構造物に対して、諸開発、改変行為の規制、コントロールが課せられるものであるが、風景の中での「総合的なバランス感覚」が求められているものだと思う。このような時代の変化の中で、源兵衛川・暮らしの水辺が平成一七年六月一七日に、平成一六年度土木学会景観・デザイン委員会デザイン賞「最優秀賞」を受賞した。

篠原修東京大学大学院教授は、この授賞式の中で、「景観法の要請に応えるためには、デザイン以前のプランニングや住民をも含んでコーディネートする機能が不可欠となることを意味する。別の言い方をするなら、プラニング、コーディネーション、デザインが三位一体とならねばならず、デザインの一貫性も要請されていると見なければならない。この要請は、土木デザインに携わるエンジニア、デザイナーに必然の方向として、都市計画、建築、造園、工業意匠、さらには歴史家等とのコラボレーションを要求している」と述べた。

私が源兵衛川の再生プロジェクトを企画した、今から約一五年前、この趣旨とまったく同じことを考えた。今までの取り組みに見るように、「水の都・三島」の生活文化や歴史性に注目し、水辺の景観再生と保全を最も大切にして、多種多様な仕掛けを重層的に推進してきた。多彩な人材活用や住民参加の導入、生態系重視の計画づくり、利害者のパートナーシップ形成、専門家との協働など、デザイン賞の受賞理由を先取る形で親水公園化事業を推進してきた。たぶんこの意識や発想は、大学で学んだものではなくて、すでに子供の頃からの水遊びの中で、潜在的に心地好い風景や水辺環境として身についたものから派生したものだ。

景観形成とは、小難しい専門的、技術的テクニックではなく、地域特性の中に染みついた生活や風土の中から、時代を積み重ねて創られてきたものだと思う。

グラウンドワーク活動のキーワードに、「環境創造」がある。環境を創造することとは、「古いものを壊して新しいものを創るということではなく、古いものに新しい機能を付加して大切に保全活用していくことだ」と説いている。この考え方の原点は、英国だ。まさに英国は、こ

源兵衛川水辺の風景

の信念を曲げずに、古き風景や建築物を保存維持している。

源兵衛川は、雑然とした市街地の中を流れる川だ。しかし、不思議なことに、川を横切るいくつかの橋から上流を見上げると、狭い川幅の中から見事に富士山が望まれる。先人が意識的にそんな位置を求めて川を蛇行させたのではないかと憶測するくらいだ。ところが今では、このドキッとする驚きの景観は、高層ビルに阻まれ、興ざめだ。温水池からの「逆さ富士」も、高層ビルが視界を遮り、台無しだ。素晴らしい三島の公共空間を、一部の人たちに安価で切り売りしたようなものである。英国をはじめヨーロッパでの景観に対する強い姿勢と市民の合意を羨ましく思う。

三島市では平成一二年に制定した「都市景観条例」の最初の重点整備地区に、源兵衛川源流部の約一七〇メートルとその周辺を指定した。今後この条例に基づき、地域住民との協力により清らかな湧水と緑の融合した景観づくりを進め、地区内においては建築物で川に面した部分は生け垣や竹柵にするなどの「地区景観形成基準」が義務づけられた。

景観とは、川沿いだけの景観保持ではない。もっと大きな視点・領域での位置づけを考えるべきだし、街とは総合的な統一感や色調によって風情や特異性が判断されるものだ。源兵衛川再生の原点は、線から街という面への拡大だ。「水網都市・三島」としての総体的・体系的な街づくり計画の見直しが必要とされる。

第3章

グラウンドワーク三島の先駆的・発展的取り組み

はじめに――グラウンドワーク三島の多様な事業タイプ

グラウンドワーク三島は「水の都・三島」の再生に向けた多様な活動を展開してきた。一四年間に及ぶ活動で、プロジェクトは三〇か所以上を数える。

これまでに、源兵衛川をはじめ、市街地を流れるいくつかの川を対象に環境美化活動をコーディネートし、美しい川への再生を誘導してきた。また、湧水地や古井戸の再生、水中花三島梅花藻の再生、ホタルの里の整備、お祭りの復活など、水辺にまつわる環境文化の再生活動を実施した。

また、活動の初期段階から、荒地の再生を図るため市民手づくりによる公園整備を数地区で実施してきており、身近な環境改善をスローガンとするグラウンドワークとして典型的な事業となっている。近年では、環境教育活動の一環として学校ビオトープの整備も推進し、保育園から高校まで、多くの子供・若者たちの参加を得て活発な活動が行われている。

さらに近年、環境コミュニティ・ビジネスや、歴史的建築物の保存活用運動、中心市街地のにぎわい再生活動等、新たな展開もみせている。

このように、これまでの活動を振り返ってみると、「荒地再生・市民手作り公園」「水辺環境再生・環境愛護団体の形成」「地域の宝物再生」「自然環境保全・再生」「学校ビオトープ・環境教育」「環境コミュニティ・ビジネス」「まちづくり・人づくり事業」等のテーマに分けることができる（プロジェクト一覧表を掲載）。本章ではその中から特徴的な活動を紹介する。

グラウンドワーク三島　プロジェクト一覧表

タイプ	プロジェクト
荒地再生 市民手作り公園	・鎧坂ミニ公園 ・沢地グローバルガーデン ・みどり野ふれあいの園
水辺環境再生 環境愛護団体の形成	・源兵衛川 ・宮さんの川 ・御殿川 ・桜川 ・水車のある風景再生 ・源兵衛川を愛する会、桜川を愛する会、境川・清住緑地愛護会
地域の宝物再生	・雷井戸 ・三島梅花藻の里と水神さん ・桜川の川端 ・鏡池ミニ公園 ・腰切不動尊と古井戸 ・右内神社・うなぎの杜古池 ・窪の湧水池
自然環境保全・再生	・境川・清住緑地 ・宮さんの川ほたるの里 ・花とホタルの里 ・松毛川周辺自然再生
学校ビオトープ 環境教育	・長伏小学校ビオトープ ・中郷小学校ビオトープ ・三島南高校ビオトープ ・函南さくら保育園ビオトープ ・鎮守の森探検隊
環境コミュニティ・ビジネス	・せせらぎシニア元気工房 ・三島うみゃあもん屋台 ・蕎麦つくり隊
まちづくり・人づくり事業	・フラワー通りの演出 ・三島測候所の保存活用 ・環境バイオトイレ ・丸平商店再生支援 ・Via701ホール運営 ・グラウンドワーク全国研修センター

1 荒地を再生して手づくり公園に

1.1 二五〇〇万円の公園が二五万円でできた――鎧坂ミニ公園

「鎧坂《よろいざか》ミニ公園」は、グラウンドワーク三島の初期の代表的な活動である（平成五年）。市の中心部にあり産業廃棄物が放棄されていた危険な荒地を、（社）三島青年会議所の発意によりグラウンドワーク三島がコーディネートして、地元文教町町内会や子供会ほか、多くの住民グループとの協働作業により、ほとんど費用をかけずに手づくりのポケットパークとして再生させた。

小学校、中学校、高校、大学が立ち並ぶ文教地区の通学路に面した四二坪の空き地は、ゴミが捨てられ、雑草が生い茂っていた。そこは静岡県、三島市、地元ホテルの三者の所有地であり、荒地状態で七年間も放置されたままであった。地元住民は市役所に陳情するものの、土地問題の調整の難しさや担当課の未決定、さらに縦割りやたらい回しの弊害により、行政側からの手助けは得られない状況であった。また、住民も自分たちで主体的な行動をとろうとはせず、陳情や批判を繰り返し、行政依存の姿勢を貫いていたのである。

このような状況のもと、グラウンドワーク三島が調整役となり、町内の様々な団体に呼びかけ、「鎧坂ミニ公園建設委員会」を設立した。ワークショップや住民意向調査、視察や学習会を行い、一年かけて手づくりの公園計画を策定し、延べ四〇〇人近い住民の参加による作業で素敵なミニ公園が完成した。総事業費は二五万円で、そのうち三島ＪＣとグラウンドワーク三島が一〇万円ずつ、三島市（青少年育成基金）が五万円を負担した。実際に公共事業でつくれば二五〇〇万円程度（用地買収費と工事費等）はかかるであろう公園を、パートナーシップ方式により二五万円でつくってしまったのである。

この過程で、市民は、ミニ公園をつくるためのアイデアや知恵を出し、整備作業に参加して汗を流した。また自分の庭にある樹木を移植した。行政は、土地を無償で貸し、苗木を提供し、水道を敷設して水道料金を負担し、埋め土を運んだ。企業は、土地の無償提供、ダンプトラックや掘削機械等の資材供与、溶岩、芝生、肥料、看板、水飲み場、間伐材等の資材を提供した。さらに、土地の測量や土木事務所への道路占有の書類の作成等専門的な支援を行った。その結果、三者がそれぞれの立場と役割を認識し合い、得意技を出し合ったことにより、市民の愛着とこだわりの気持ちが入った素敵なポケットパークが完成したのだ。維持管理は地元の老人会が中心となって対応しており、地域の交流の場として活用されている。例えば、老人会が子供会と連携して竹とんぼや凧づくりの青空教室を開設したり、子供たちのボランティア活動の場とするなど、地域コミュニティの場として役立っている。

市民は、この活動に参加したことに大いに満足し、まちづくりへの「関心と自信」につながった。行政は、今までのように市民の要望に応える形で何でも行政だけでやってしまうスタイルではなく、一歩下がった形で、行政組織の横の連携を強化し、それぞれの関係課が協力できる範囲でできる限りで「間接的な支援」を行った。その結果として行政費が「大幅に節約」された。企業は、具体的な形で地域に貢献ができ、企業の社会参加とPR、さらに職員のボランティア意識の醸成と場づくりにも役立った。四二坪という非常に小さな土地での活動ではあるが、それぞれが様々な効果を見出し、パートナーシップの有益性と効率性をグラウンドワークの活動により体得したのだ。

1.2 耕作放棄地を国際交流・環境教育の場に——沢地グローバルガーデン

「鎧坂ミニ公園」づくりと並行して、グラウンドワーク三島の参加団体である「グローバル文化交流協会」が中心になって沢地グローバルガーデンをつくった（平成五年）。

「グローバル文化交流協会」は、「バイリンガル環境かるた」を作成するなど、子供たちの環境教育に取り組んできた。その一環で、グラウンドワーク三島との協働作業として、自然に親しむ場づくりが環境教育上も重要であると考え、休耕畑を借りて外国人とともに手づくりガーデン整備を実施した。計画のコンセプトは、①休耕地の有効利用、②子供たちが作業を通して自然に親しみ、自然を学ぶ環境教育、③いろいろな人々との共同作業を通した交流の場の形成、④近隣の幼稚園や小中学生、また散策する人たちの憩いの場の形成である。ガーデンづくりの作業には会員はもちろんのこと、地域の幼稚園児、小・中・高・大学生、在住外国人などが参加した。花壇は、幼稚園コーナー、小学校コーナー、外国コーナー等に分かれ、四季折々の花が楽しめる。英国グラウンドワークの視察でアイデアを得た「柳のトンネル」づくりも実施した。この沢地グローバルガーデンは、その後展開されるグラウンドワークによる環境教育の現場づくりの原点となった。

1.3 新興住宅地のコミュニティの形成——みどり野ふれあいの園

荒地の再生事業の代表例としては、市内の新興住宅地（平成三年開発）で、雑草が伸び放題だった市の遊休地（約一七〇坪）を、グラウンドワーク三島が仲介役となり、自治会や子供会、協力企業との話し合いを重ねて、花壇、野菜畑、水飲み場のある住民憩いの手づくり公園として整備し、地域コミュニティの形成を支援した活動がある。平成九年に「みどり野ふれあいの園」として完成させ、地域住民による精力的な維持管理活動が実施されている。

この団地は大手商社が分譲した富士山の眺められる高級住宅地であり、新幹線で東京から一時間という立地条件から、首都圏への通勤者や三島市外から移り住んで来た住人が多く、住人どうしの交流もほとんどない状況であった。そのような中で、グラウンドワーク三島による鎧坂ミニ公園の活動を知った町内会長から、市所有の公園用地をグラウンドワーク方式で公園化したいとの依頼を受け、グラウンドワーク三島が調整役となり、町内会を中心とした「みどり野公園建設委員会」を設立した。町内の住民に対し公園づくりの説明会を開催し、どんな公園にしたらよいのか意向調査を実施したり、公園の「委員会便り」を個別に印刷配布して、地域の理解形成と合意形成を図っていった。

このような過程を経て、住民主体の手づくり公園の整備計画案をまとめた。また、外部の個人・企業からの支援を得るために協力依頼書を作成し、具体的な支援の方法が選べるような内容の一覧表を作成して依頼した。これにより、整地のための重機をはじめ公園づくりに必要な機材・資材の提供、専門家の派遣などの協力を得た。また、花の植え込み作業、藤棚づくり、ペンキ塗りには、町内の子供会をはじめ多くの住民が参加することとなった。

ここでのパートナーシップの構図は、用地が三島市、管理が地元町内会で、グラウンドワーク三島の役目は調整役と実行案づくり、企業は資機材の提供だ。後は、地域住民のコンセンサスをどうとるかがこのプロジェクトの重要なポイントであり、三回にわたる住民アンケートにより、事業の理解度・浸透度を勘案しながら物事を進め、一年がかりで着工にこぎつけることができた。建設委員会を町内会でつくり、綿密に計画案づくりをして、着手したのが成功の秘訣だ。着工当時の町内会長の森昭夫さんは、「今までは寄り合い所帯の地域だったが、園建設の準備や作業を通して連帯感や郷土意識が芽生えた。この雰囲気を大事にしていきたい」と語っている。

ふれあいの園完成後は、建設委員会を管理運営委員会に切り替え、園の維持管理を運営している。作業は回覧で町内会に呼びかけて有志で行っているが、年二回の花壇の植え替えをはじめ、子供会とともに「芋ほりと焼き芋大会」や園内のリンゴもぎなどイベントを上手く組み合わせて実施している。子供たちは、泥まみれでさつま芋を掘り、焼き芋をほおばり、園内でとれたリンゴも食べる。子供たちの思い出になればと地域住民らによって続けられている行事である。近年も市の花壇コンクールにおいて連続で市長賞を受賞するなど、活動は熱心で精力的である。

今までは「市の土地」といって自分たちとは無関係だった場所が、「私たちの土地・公園」となり、愛着と思いのこもった土地に変わった。隣接の行政がつくった公園には、子供たちの声が少なく、汚い。ふれあいの園には子供の姿があり、優しく温かい雰囲気をかもし出している。多くの人々が関われば、公園はより素敵に美しく変身する。

2 住民参加の計画づくりと地域の自主管理

2.1 河川愛護団体の育成支援——源兵衛川を愛する会、桜川を愛する会など

住民参加による手づくり公園整備事業でも示したとおり、グラウンドワーク三島の活動は、にぎやかに楽

しむだけのイベントが中心ではない。時間をかけて合意形成を図り、地域総参加で環境整備を行う過程を通じて、地域住民の身近な環境に対する環境意識の高まりを目指している。地域住民自らが、環境を守り育てる仕組みや自主的な地元組織の構築を図っていくのである。

グラウンドワーク三島が関わった河川の整備プロジェクトの中でも、河川愛護団体の設立支援があり、現在定期的な清掃作業が行われている。例えば、源兵衛川については整備事業の実施に伴い、川沿いの住民を中心に「源兵衛川を愛する会」が設立され（平成四年）、今まで中郷用水土地改良区で行われてきた維持管理は川沿いの住民が担うことになり、毎月一回の定期的な河川清掃や川の勉強会などが開催されている。また、これらの活動に刺激されて、桜川についても「桜川を愛する会」が設立されて（平成七年）、市民を巻き込んだ河川清掃活動が市内全域で展開されている。河川工事のハード面に地域住民の思いや行動のソフト面が融合した新しい「市民力」が育成されたのである。

2.2 住民参加で計画をつくり直して巨大なビオトープをつくった——境川・清住緑地

三島市の西端の清住町地先の境川では、平成七年度から静岡県土木事務所が「清住遊水池整備事業」を実施してきた。この計画地は、市街地に位置しながら貴重な自然環境が残されている「クボッタ」と呼ばれる低平地の遊水池である。そこで、現況の遊水機能を保ちつつ自然環境の保全を図り、地域に親しまれる良好な水辺空間の整備を行うこととし、地域住民や専門家の意見を反映しながら進めていった。行政と住民との中間的な役割をグラウンドワーク三島が担当し、計画策定段階から維持管理段階までの整備のあり方や役割分担について意見集約を行い、事業を具体化し、大ビオトープ公園に整備した。地域住民も、自然観察会からワンデイ・チャレンジといった体験イベントなど、早期の段階から積極的に参加して、計画・維持管理体制づくりに取り組んだ。整備終了後の現在も、住民による継続的な管理活動が行われており、多様な動植物の生息環境としてのビオトープ機能が維持されている。

県土木事務所は一級河川・境川流域の約〇・八五ヘクタールを整備するため、当初は行政主体で計画をつくり住民に説明する従来どおりの手順を踏んだ。ところが、県がビオトープの整備計画を立てて説明したところ、本来の「クボッタ」の雰囲気や自然環境とはかけ離れており、違和感を感ずるなど、住民から様々な意見や批判が相次いだ。このため、県は平成九年に、地域住民との密着性が高く地域特性を熟知しているグラウンドワーク三島に計画づくりの仲介役を依頼することとなったのである。

グラウンドワーク三島は、平成一〇年八月にまず周辺の住民に呼びかけ、たくさんの生き物がすむ自然の様子を知ってもらうための「自然観察会」を実施した。その後、四〇回以上にわたるワークショップを開催し、清住緑地の自然情報の提供と住民意見や提案の取りまとめを行った。ワークショップでの活発な意見交換の中から、「昔の風景の復元と、子どもと自然とのふれ合いの場づくり」を第一義的にしようとする意見に集約された。そこで、県が事前に作成した自然公園案を大修正し、土地が乾きやすい大きな広場は設けず、

清住遊水池整備事業　平面図

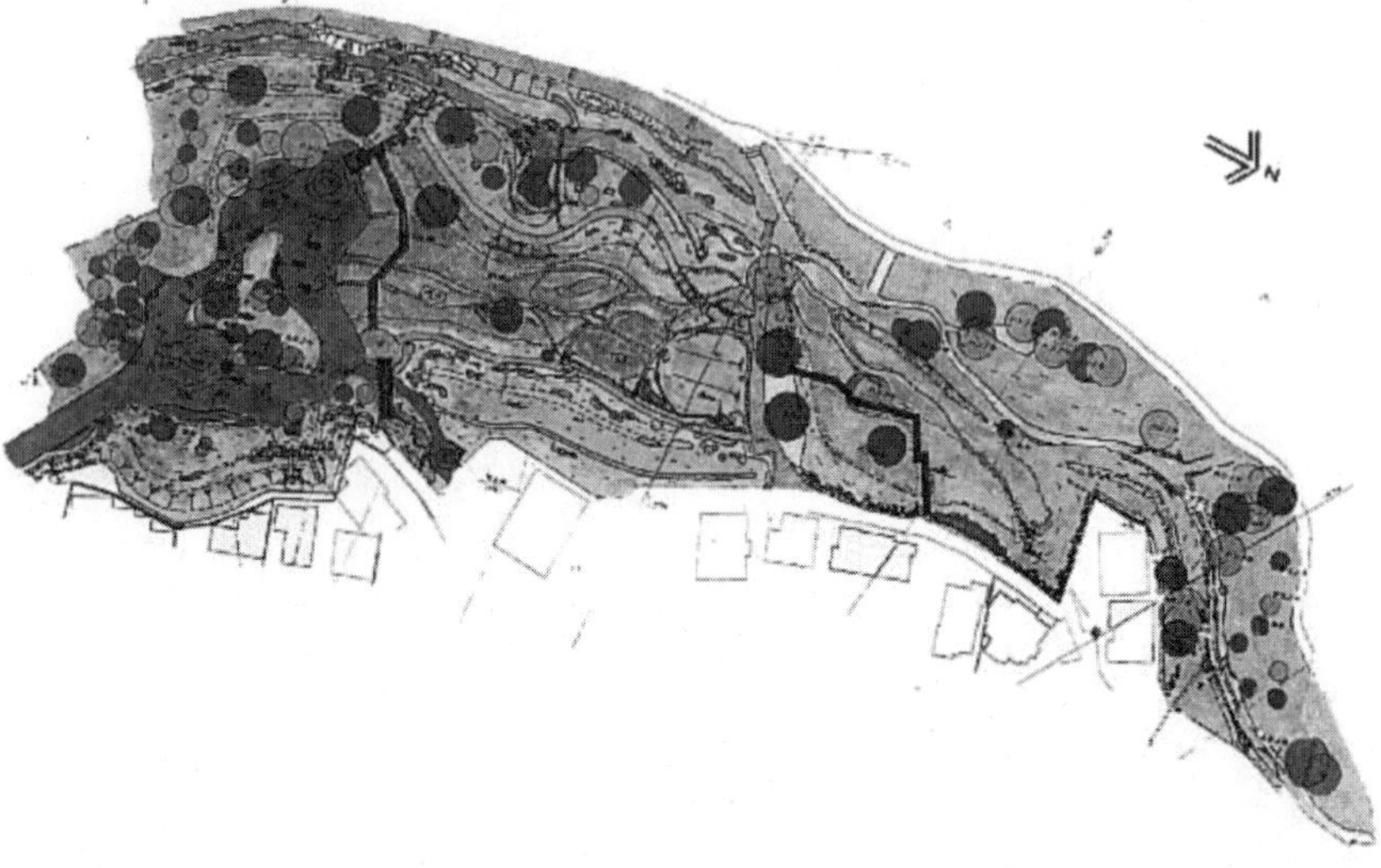

湿地を広げトンボの生息環境を確保し、子供の環境学習や遊び場となる水田を設け、人が滞留しないようにトイレを設けないなどの整備プランを取りまとめた。

また、遊歩道のつくり方についても、管理に当たる市から「作業車が入れるアスファルトの道がよい」という意向が出たのに対し、住民側から「自ら管理するから、土の小道でよい」という積極的な提案もあった。その後、グラウンドワーク三島により最終案が作成され、県もともに近隣住民への説明会を開催した。これら一連の合意形成プロセスは十分に時間をかけ、そのため一年半以上の期間、工事が止まることとなった。

ワークショップの参加者は「住民参加とパワーでここまで持ってきた。計画づくりを行政だけに任せていたのでは、湧水が豊かでトンボが舞うふるさとの原風景は再生できなかった」と自負している。この自信が次に紹介する「境川・清住緑地愛護会」の設立につながり、市からの管理委託（年間八〇万円）による市民主体の公園管理が続いている。

2.3 大規模ビオトープを地域で管理——境川・清住緑地愛護会

境川・清住緑地の整備に際しては、整備工事の実施に伴い、住民中心で緑地管理ができるように、管理マニュアル作成のためのワークショップや、緑地管理に必要な基礎知識を学ぶためのインストラクター養成講座を開催した。この講座は、公園の維持管理をはじめ、豊かな自然環境を活かした環境教育の実践の場として、訪れる人々に緑地の生き物などを説明し、子供たちと一緒に自然遊びができるインストラクターが必要だと考え開かれたものである。清住緑地の自然環境基礎知識やビオトープについて、住民主体の公園管理の手法、管理方法の体験（草刈り、間伐等）等のプログラムを実施した。

また、地域の子供から大人まで参加する田んぼづくり、堆肥置き場づくりや田植えなどの現場作業を、「ワンデイ・チャレンジ」として企画実施した。このような過程を経て、平成一三年には周辺住民主体によって緑地管理を行う「境川・清住緑地愛護会」が設立された。この会は、維持管理作業をはじめ、研修会、自然観察会、田植えなどを開催して、年間を通じて様々な活動を展開している。愛護会の目標は昔遊んだ思い出の場所を自分たちの手で守り、子供たちに語りながら自然にふれる面白さを伝えていく場所にすることだ。市民組織が主体の大規模公園の管理運営は全国でも珍しいと思う。

境川・清住緑地愛護会は、周辺地域住民百数十名で構成される。維持管理作業は、週に一〜二回ほどボランティアで草刈り等を実施するほか、月に一回緑地中央部の定例整備作業を実施している。ビオトープとして整備される以前はシルバー人材センターによる画一的な管理が行われていたのであるが、現在は、地域で作った「管理マニュアル」に基づき、ビオトープづくりが持続的に行われている。協働の成果でよみがえった境川・清住緑地には、今も一年中涸れることのない湧水が湧き出ている池があり、田んぼも三枚復元された。たくさんのトンボや水生生物、鳥たちも戻ってきて、昔のように多くの生き物たちの世界が広がっている。四種類しかいなかったトンボの種類が四八種まで増え、鳥類も六〇種出現するようになった。生き物観察ガイドの「トンボ編」「野鳥編」「植物編」も発行され、再生された自然環境は地域の環境教育の場として活用されている。

3 消滅した地域の宝物の再生

3.1 歴史的な「お清め所」湧水地の再生——鏡池ミニ公園

ＪＲ三島駅から徒歩一〇分ほどの所にあった歴史的な湧水地が涸れ果ててしまったことに心をいためた人たちが集まり、「歴史を生かした手作り公園」として再生した活動がある（平成六年）。今でも湧水の完全復活は見込めないものの、四季の草花に彩られたミニ公園として整備された。

鎌倉時代以前より、三嶋大社へ参拝する人たちが立ち寄る「お清め所」であった鏡池は、かつては隣接する湧水地（菰池）の水源地で、富士山の雪解け水が勢いよく湧き出し、「水の都」を象徴する場所であった。近年、湧水が涸れて溶岩がむき出しになり、かつて見られた鏡のような水面の面影はなく、草が生い茂り、地域の人々にはほとんど忘れられた存在となってしまっていた。

そこで、三島の歴史遺産を再生するために、グラウンドワーク三島がコーディネートして市民・ＮＰＯ・企業・行政が協力しあい、小さな「花と緑の手作り公園」として整備した。現在は住民有志によって定期的に維持管理作業が行われている。

この鏡池は、関係者の思いが実り、平成一五年頃から不定期ではあるが水が湧き出すようになった。それにまつわる不思議な話だが、その湧いた小池に小さな魚が群れをなして泳いでいた。ハヤの幼魚らしい。水がなくなりそうになると、ハヤもどこかへ行ってしまう。一体どこから来たのか不明だが、どうやら周辺の池と地下でつながっているらしい。自然とは不思議なものだ。

3.2 絶滅した水中花・三島梅花藻《みしまばいかも》を復活——三島梅花藻の里

三島市内で一時期絶滅した「三島梅花藻」を復活させるため、湧水地を活用して育成・増殖・保護する基地として「三島梅花藻の里」を整備した（平成八年）。以降、「三島ゆうすい会」や「遊水匠の会」を中心に維持管理がなされ、ほぼ年間を通じて梅に似た白い可憐な水中花が見られるようになり、多くの観光客の目を楽しませている。

三島梅花藻は清流に育つキンポウゲ科の水草で、梅の花に似た白い小さな花をつけるため、その名がつけられた。三島市楽寿園小浜池で発見され、県の天然記念物である。富士山からのきれいな湧水でのみ育つ水生植物とされ、水温や水質変化に敏感なとても繊細な植物で、「環境のバロメーター」といわれる。昭和三五年頃までは市内の川や湧水地で自生していたが、湧水の減少や汚染により絶滅してしまった。そこで、柿田川から梅花藻を譲り受け、「佐野美術館」から市の中心部に位置する湧水地を借り、グラウンドワーク三島により「三島梅花藻の里」として整備した。無償で借りた用地は、もし梅花藻の里として整備していなければ、隣接地と同様、間違いなく駐車場用地として埋め立てられる運命にあった。

グラウンドワーク三島では、まず「三島梅花藻の里づくり建設検討委員会」を設置するため、町内会や企業をはじめ、広く三島市民に参加者を募集した。その結果、市民、行政、企業が参加した約三〇人規模の委員会が設立され、約一年間にわたる手づくりの整備計画が検討された。この検討過程の中で、三者の役割分担と具体的な年度別の整備計画が策定され、必要な事業項目が整理され、工事進捗の段取りが詰められた。整備内容としては、水中ポンプの設置、間伐材を活用した木橋の架設、木製花壇と水車の設置、増殖圃場の造成、見学者用木製デッキの建設、木製門の設置などである。整備に当たっては、周辺との境にあるブロック壁にはコンクリート会社から新規開発の「溶岩パネル」を提供してもらったり、企業からの資材提供を受けた。木製デッキの建設には大工見習い中の若者が参加してくれたことで、本職に負けない立派な展望台が完成した。また、ベンチ、水車はボランティアの手づくりである。

この事業で画期的なことは、行政がグラウンドワーク三島の能力とこれまでの実績を信頼して、約三〇〇万円の補助金を交付してくれたことである。この事業については、行政側も佐野美術館と市民の要請を受け、整備計画を検討していたところであった。しかし、グラウンドワーク三島が先行して整備計画を進めていたことから、これを側面的に支援する形で、全体事業費一〇〇〇万円程度を要する整備事業と安全な施工管理を行うことを条件としてグラウンドワーク三島に三〇〇万円を補助することになったことである。行政がやれば一〇〇〇万円かかる工事が、市民の知恵と汗、企業の支援等により三〇〇万円で整備される。効率的な行政費の節約とともに、その波及効果として市民の主体性による街づくりへの自信につながるカンフル剤になったわけである。

なお、三島梅花藻の里の一角には「水神さん」が祭られている。これは三島市内の四の宮川近くの住宅地の片隅に見捨てられていた水神さんを市民で移設し、梅花藻の里の守り神として再生したものである。

3.3 泉トラスト運動で古井戸を復活——雷井戸

雷井戸は、四の宮川沿いの住宅地の奥の囲まれた窪地にある市内最大の井戸である。水温一六℃の冷たく美味しい湧水を噴き上げ、井戸周辺には三島梅花藻が一年中咲き乱れている。この井戸が売りに出されたことを契機に、グラウンドワーク三島では「泉トラスト運動」を開始して買収保護し、今では地域住民との協働作業により環境整備が実施されている（平成一〇年）。

「水の都・三島」には、かつて二〇〇〇もの井戸が市内に点在していたとされる。地面を数メートル掘ればどこでも湧水が湧き出し、冷たく美味しい水が家庭で自由に飲めた。雷井戸は、江戸時代から三島を代表する通年湧水を保つ貴重な井戸である。「田町簡易水道の水源」として昭和三〇年代まで約一五〇〇世帯に水を供給し、大切に守られてきた。しかし、上水道の普及により水道組合も解散し、貯水タンク等の施設も壊され、地域から忘れ去られ始めていた。このような中で土地売買の話が持ち上がり、井戸が埋め立てられてしまう危機に直面した。グラウンドワーク三島では、歴史的に価値のある水にまつわる地域の財産を守ろうと「泉トラスト運動」を開始し、市民有志より約三五〇万円の資金を集め、広さ約一三〇平方メートルの土地と直径約三メートルの井戸を買収保護することとなった。その後、市民や企業等の支援を受け、井戸の浚渫や周辺整備を実施。近年、三島市も周辺の土地を買収し、複雑に入り組んだ私有地の中にある雷井戸へとつながる遊歩道を整備する予定である。

3.4 水にまつわる文化の再生と若者の社会参加——腰切不動尊・腰切井戸

三島市内中心部の住宅地の中にある「腰切不動尊」は、古くから地域の人々の信仰を集めていたが、いつしか訪れる人も減り、お堂の井戸も涸れ果ててしまった。近隣の人々の相談を受けたグラウンドワーク三島は、地域の人たちと一緒になって古井戸を湧水の湧く井戸によみがえらせ、祭りも復活させた(平成一一年)。以来、この一連の活動を学生の成長の場として活用できると考えた日本大学国際関係学部の金谷研究室の協力も得て、継続的に地域の文化の再生活動を展開している。

腰切不動尊とは、寛永一〇（一六三三）年、三島の田町地域の住人らによって近くの御殿川の水車場川底から掘り出した石仏をまつったものである。高さ四〇センチメートルの石仏は上半身しか彫られていないため腰切不動尊と呼ばれ、腰から下の病や安産にご利益があるとされ、信仰を集めてきた。不動尊の縁日は毎月二八日で、かつては一月、五月、九月の二八日には祭りが盛大に行われ、子供相撲などが行われた縁日もあった。特に、五月の祭りは大祭としてにぎわっていた。また、祠の裏手にある古井戸は、不動尊と直接関係は余りないものの、地域の生活用水として、かつては人々の暮らしに役立っていた。

ところが、そのような歴史をもつ腰切不動尊と古井戸を訪れる人も年々少なくなり、いつの間にか人々に忘れ去られようとしていた。また、不動尊の祠がホームレスの溜まり場となるなど、近隣の人々は大変困り、グラウンドワーク三島に相談が寄せられることとなった。相談を受けたグラウンドワーク三島では、水に関わる歴史的遺産の再生整備の一環として、腰切不動尊の祭りの復活と古井戸の再生に取り組むこととし、計画づくりや実際の作業を地域の人たちと一緒になって進めた。

平成一一年、まず井戸さらいを実施し古井戸を再び湧水の湧く井戸によみがえらせ、手押しポンプやフタの改修を実施した。また、四〇年ぶりに不動尊を開帳し、地域の人たちとともに不動尊に線香をあげ、供物を供える祭礼を行った。その翌年五月、大祭を復活させ、子供相撲大会、子供シャギリ、餅つきなどのイベントを開催した。この祭りの運営は、グラウンドワーク三島の構成メンバーでもある地元の大学の日本大学国際関係学部金谷ゼミが中心になって行った。

今でも、五月の大祭にはグラウンドワーク三島より日大の学生に事業費を支給し、学生ならではの自由な発想のもと、祭りをコーディネートしている。「学内のゼミで頭を鍛え、学外の実践で身体を動かして、自分の頭で考え、行動する力を養ってほしいと思う。この祭典はそういう意味でも貴重な場になっている。グラウンドワーク三島の人たちが支え、応援してくれるので、学生たちは活動することの楽しさを知り、組織の中で動くことができるようになる。地域の人にとっても、若い人たちとふれ合うことで活気が生まれる。学生と地域との交流は、双方にとって有意義だと思う」と金谷教授は語る。

4 自然環境保全再生

4.1 花とホタルの里

グラウンドワーク三島の最も初期の活動に「花とホタルの里」の整備がある（平成三年）。グラウンドワーク三島の参加団体である「三島ホタルの会」が中心になって、ふるさとの水辺にホタルを飛ばそうと、休耕田を活用したものである。この事業は英国グラウンドワークの視察対象となり、三島市がグラウンドワークのモデル地区となるきっかけになった。

「花とホタルの里」は、源兵衛川の下流にある中郷温水池南側の荒地化した休耕田約一〇〇〇平方メートルを活用し、農業用水を導入し小川をつくった。水口には木炭、砂利、軽石を敷き詰めた浄化装置を設置し、ホタルが生息できる水辺環境づくりを行った。小川の周辺には三島桜、ショウブ、四季の花木や自然の山野草、水生植物を育て、自然観察やホタルの鑑賞ができるように遊歩道、木橋、広場などを設置した。この公園の整備作業には、地元農家を含め、ＪＣ、ボーイスカウト、ライオンズクラブ、小中学生等、延べ一〇〇〇人近くの参加があった。昼食時には農家の用意したおにぎりやお新香で食事を共にするなど、都市住民と農家の交流の場も形成された。

農業用水を引き込むためには、管理者である土地改良区の理解と協力があった。行政は畑として利用するための一時転用の許可を受けるために農業委員会との調整を行い、地主への借地料を負担した。また、グラウンドワーク活動の応援団ともいえる幹部職員が作業に参加した。企業からは、鉄道工事関連会社より新幹線に使われたまくら木の無償提供を受け、車いすの人でもホタルを観賞できるように遊歩道や木橋の建設に活用した。また、水路の掘削には、造園業者から掘削機械の供与と溶岩や各種水生植物の提供があった。自然観察会では、地域の動植物に詳しい専門家集団が先生となり、隣接の小中学校と連携をとり、環境教育の一環として実践を通して自然生態を学ぶことができる「自然観察生態園」としての活用を行った。ホタルの水路は三島ホタルの会、草花は小規模授産所のさくら作業所や田方農業高校の生徒、三島ライオンズクラブ、その他関係ボランティアが管理する体制がつくられた。花とホタルの里は、現在は温水池の親水公園の整備とともに埋め立てられてしまったが、グラウンドワーク三島の活動の原点として、常に心にとめておきたい場所である。

4.2 宮さんの川の景観整備とほたるの里づくり

三島市街地を源兵衛川に平行して流れる「宮さんの川」では、これまで川沿いの住民が「宮さんの川を守る会」を結成し、河川美化と景観整備活動を行ってきた。ここを舞台にした「ほたるの里づくり」が、自然再生活動の一環として、グラウンドワーク三島がコーディネーターとなって実施された（平成一七年）。

「宮さんの川」は昔からの愛称で、河川としての名称は「蓮沼川」と呼ぶ。江戸時代に造られた農業用排水路であり、伊豆の国と駿河の国の境を流れる「境川」を横断する「千貫樋」を通り、現在の清水町に流れている。昔は豊富な湧水が流れ、子供たちの絶好の「水遊び場」であった。水温は一五℃、長く泳いでいると体が凍りつくようになり、唇が紫色に変色し、気を失うほどであった。子供たちは、寒くなると道路上に這い上がり、日差しと保温されたアスファルトで体を温め、また、川に飛び込むのを繰り返して楽しんでいた。水餓鬼《みずガキ》の社交場でもあり、「水の都・三島」の原風景・原体験の原点と言える魅力的な水辺空間だ。

しかし、今から三〇年前頃から農業用排水路としての役割を終え、農業者の管理も行われなくなり、ヘドロが堆積し、ゴミが放置される街の厄介者に変容していった。この状況を憂いだ川沿いの住民が主体となって「宮さんの川を守る会」が設立された(昭和五五年)。三島における先達の市民組織といえる。彼らは、毎日のように川に入り、ヘドロを洗った。「美しく維持された空間には、ゴミは捨てられないだろう」との信念のもと、景観整備のために、地元住民自らが育てた花々をプランターに植え、河川内に置き、川周辺を美しく飾った。水質浄化の噴水設置や鯉の放流、安らぎ空間創設のブロンズ像の配置、さらに、グラウンドワーク三島と地域住民・行政との協働による道路と河川の景観整備事業の実施など、ハード面とソフト面が連携した水辺づくりが進み、今では三島を代表する散策コースとなっている。

源兵衛川は、本来の自然の姿を再生した多自然型の川づくりと言える。だが、宮さんの川は、コンクリート造りの無味乾燥とした構造ながら、地域住民が中心となった、思いのこもった手づくりの河川整備と愛護活動が進められている。そのためだろうか、川が醸し出す雰囲気に、なんとなく落ち着いた人間的な温かさと懐かしさが感じられる。やはり、従来の行政手法による施設整備では、構造物の中に地域特有の歴史的な雰囲気や情緒が組み込まれないのだと思う。地域住民との一体的で緊密な関わり方がなくては、人間的な仕掛けや温かさが感じられず、訪れた人々に安らぎの感情を抱かせることは難しい。川づくりでは、人々との関わり方の密度の濃さにより、その品格と品質、多様性が創られる。

今回、この宮さんの川の最上流部を整備して、「ほたるの里づくり」を行うことになった。この事業計画の発案はグラウンドワーク三島であり、三島市が推進する「街中がせせらぎ事業」の一環として整備が進められることとなった。また、グラウンドワーク三島の参加団体でもある「三島ホタルの会」とも連携し、ホタルの会が提案した「ほたるのお宿」（ホタルの飼育場の河川内での建設計画）との事業調整も行いながら、地元の住民との数多くの議論と検討を繰り返す中で、自然発生のホタルの乱舞を期待する、水路方式による「ほたるの里づくり」計画が最終案となった。この計画は、川沿いに植えられた広葉樹を保護し、落ち葉などが堆積し湿地化した約二〇メートル区間の河川区域を活用し、新たな自然水路の建設と、ホタルが生息できる環境整備、観察デッキの設置などを行うものである。

全体予算は約五三〇万円。業務内容は、「地元調整、測量・設計、ワークショップ、自然観察会、土木工事」などを含んでいる。このような業務は役所が実施すると一般的には、地元調整は市役所、測量設計ワークショップは民間コンサルタント、自然観察会はNPO、土木工事は土建業者か造園業者など、バラバラに発注されていると思う。そのために、多くの諸経費がかかり工事費も高額になり、工事仕様の不整合が生じ、役所内部で担当ごとにいくつかの課にまたがり業務も複雑化し、総合的で効率的な仕事ができない。グラウンドワーク三島が全体事業を総括的に請け負うことにより、意匠的にも、地元調整の側面でも統一性の取れた円滑な事業推進の体制づくりが整った。

また、グラウンドワーク三島の持ち味は、地域総参加の体制づくりである。土木工事、造園工事、水道工事、電気工事など、地域企業を総動員したパートナーシップ型の無駄なコストのかからない、知恵にあふれた推進体制を新規に構築していった。この工事が地域の物づくり専門家を集めるきっかけづくりとなり、彼らの得意技と人間的なネットワークを引き出し、有機的に結合させていく。三島建築業協会への協力要請は、機械、資材の提供、人的支援、技術的アドバイスなどであるが、その理由づけは、各企業の研修の一環としてである。造園協会も見習い中の職人を派遣し支援した。整備作業は、ワンデイ・チャレンジ方式で植栽や生垣づくりを行うなど三回程度実施し、一回当たり町内から約四〇~五〇人参加した。今後、ホタルの適切な環境づくりのために、専門家や生態学者のアドバイスを受け、ホタルの会との情報交換も行う。また、地元の住民との協同作業のプロセスの中から、ほたるの里保全の自主的な市民組織の育成も仕掛け、今後の維持管理の体制づくりを行う予定である。

4.3 自然再生事業のモデル地区が台無しに——松毛川自然再生事業

グラウンドワーク三島では、平成一五年度から新しく自然再生事業の取り組みの一つを始めた。この事業への取り組みは、源兵衛川再生事業の実績に加えて国からも注目を寄せられ、現在の「自然再生事業」のモデルとなったとも言われている。

三島市の南部に、狩野川の旧河川敷となる「松毛川」と呼ばれる河川がある。松毛川の中心部が沼津市との市境となっており、「灰塚川」とも呼ばれている。河川沿いには八〇年以上経過した自然豊かな「河畔林」が群生し、その風景は狩野川の原風景的景観をそのままに残しており、動植物に対して棲息空間を提供する貴重なサンクチュアリになっている。①周辺に広がる水田地帯、②隣接する大河・狩野川の流れ、③六にも及ぶ止水域の河川空間、④多様な樹林相を持つ河畔林の緑地空間など、四つの要素が絡み合った、優れた「水と緑と生物」のバランス空間が辛うじて残存している場所である。しかし近年、上流域での開発行為が進み、水質汚濁や富栄養化、ゴミや産業廃棄物の放棄、ホテイアオイの異常繁殖、ブラックバスなどの外来種放流による生態系破壊など、松毛川の水辺自然環境に多くの外的な影響が加わり、環境悪化が進行していった。

そこで平成一三年より、静岡県東部農林事務所が中心となって、関連の三島市や沼津市を巻き込んでの自然環境整備事業の基本構想づくりが始まった。これに先立ち、三島市（安久・御園地区）においては、ほ場の区画整備事業が実施されており、河川沿いの土地については、ほ場整備事業により新規拡大の河畔林用地を捻出する計画が策定された。この事業計画の推進には、当初、民間のコンサルタントが業務受託しており、地元との事業調整や計画案策定のためのワークショップなどの業務を担っていた。しかし、現実的には多くの関係機関との利害調整、地元意向の調整、地域独特のコミュニティへの配慮など複雑な要素が絡まり、地域特性に合致した的確な事業案の取りまとめが難しく、行き先の見えない状態に陥ってしまった。

このような中で、グラウンドワーク三島にその「総合プロデューサー」の役割が巡ってきた。グラウンドワーク三島は、混沌とした関係者間に入り込み、それぞれの利害や考え方を聞き取り、時間をかけた交渉により、相互に理解不足が生じないような事業調整を果たしていくのが役割の特性といえる。松毛川での事業についても、まずは地元の町内会や土地所有の農家に対して現在までの経過説明を行い、時間をかけた議論の積み重ねにより、少しずつ誤解と不安を解きほぐす機会を二〇回以上も設けた。まずは、今までの県や三島市に対しての不平、不満が噴出した。しかし、松毛川の今昔情報の聞き取り過程を経ていく中で、次第に地元住民の自然再生への意識が醸成されていった。

そこで、グラウンドワーク三島がコーディネーターとなって、水辺観察会の開催、ホテイアオイ掃討作戦の実施、鳥やトンボなどの自然観察会の開催、鎮守の森探検隊の結成、地区公民館での自然教室の開催、周辺小学校での出前自然講座の開講、隣接する長伏小学校でのビオトープの建設など、子供たちや高齢者を含めた様々な階層を対象とした、松毛川に関わる貴重な環境資源の情報提供を進めた。

また、日頃ほとんど交流の機会がない地元農家と都市住民との話し合いの場を設定して、今後の松毛川の整備計画の方向性を考えるワークショップを七回も開催した。地元農家は、当初はやはり権利意識や開発意欲が強く、自然環境の再生整備に賛成する人は少なく、自然環境の保護保全の意志が強い都市住民との意見対立が目立った。しかし、数多くのワークショップを経て、農家の存在により松毛川の水辺自然環境が維持保全されてきたこと、今後とも地元農家の協力なくしてはこのような貴重な「水と緑のサンクチュアリ」は守れないことが都市住民にも理解され、相互に積極的で建設的な意見やアイデアが交換できた。具体的な計画案としては、駐車場や公衆便所は地区より離れた地域の遊休地に建設して徒歩で行けばよいとか、河畔林沿いの周遊道路は五メートル程度の砂利道でよいとか、新規拡大の河畔林は旧来からの樹林を植林しようとか、ホテイアオイの除去など公園管理は地元住民と都市住民との協働管理で推進しよう等々、この空間を地域の宝物として評価し、自分たちの自己責任により次世代に引き継いでいこうとする、自発的な決意と思いが醸成されてきたのである。

ところがその後、大変悲しく悔しい事件が起きた。三島市や沼津市が事業主体として実施したホテイアオイの除去事業に関連し、沼津市側の河川敷内に生えていた推定樹齢六〇年のエノキの大木や樹齢四〇年のオニグルミの木、その他ハンノキやムクノキなど、合計九本の木が枯死してしまったのだ。工事用の踊り場を確保するために、巨木周辺の雑木や下草を刈り取り、その上からコンクリートや大きな砕石が混じった土を五〇センチ以上も巨木周辺に覆土したのだ。このために巨木は呼吸ができず、夏の乾燥と高温も相まって、二か月ほどで窒息死してしまった。今まで多くの自然観察会やワークショップに参加し、地域住民とともに自然環境の重要性を学んできた行政なのに、環境的・生物的配慮や対応をしなかったのである。事件を問いただすと、公有地内の木であることから行政の責任と判断で対応したことであり、市民に注意される範疇の問題ではないとの回答を得て非常に残念な思いである。グラウンドワークによる実践活動の蓄積が評価されてきた三島市でさえ、このように、まだまだ行政と市民との協働体制の構築には難しい側面がある。

自然再生の目的は、そこに関係する様々な人々が自然に対して人間としての優しい思いやりの心と具体的な行動を育成することである。グラウンドワーク三島の視点と感性は常に、自然や生態を通した「現場での目線」である。今後は、この裸地化された区域に良質土を搬入して、地元住民との協働による「植林再生作業」を進める計画である。この悲しい事件をきっかけに、松毛川全体の自然環境整備の重要性が行政や都市住民に改めて理解されることを期待している。

5 学校ビオトープ、環境教育

グラウンドワーク三島の主要な活動のひとつに、実践的な環境教育の推進がある。現在までに、長伏小学校・中郷小学校・三島南高校・函南さくら保育園での「学校ビオトープづくり」や、市内各所をフィールドにした「鎮守の森探検隊」、西小学校・南小学校・南中学校の隣接地となる境川・清住緑地や休耕水田での「環境教育園づくり」など、子供たちやPTA、地域住民などと一体となった環境改善活動に取り組んできた。

その効果として、参加した子供たちの中から、トンボや昆虫・自然環境問題に強い興味を抱くようになり、自然のあれこれに詳しい「少年環境博士」がたくさん輩出されてきている。また、ビオトープ活動に関わるうちに生物学の本質的な問題に関心を持ち、一念発起して難関大学の生物学科に入学できた高校生までもが現れた。グラウンドワーク三島の様々な活動が「教育的波及効果」として子供たちの「心と考え方」に対して多様な影響力と何らかの感動を与え始めている証しと言える。田んぼづくりでの泥んこ遊びや小川での魚釣り、トンボの観察会やザリガニ捕り、田植えや稲刈り体験、農家や古老たちとの人的交流など、日常生活では体験できない生きた教育プログラムである。学校が持つ多様な教育力が脆弱化している今日、地域社会や地域環境を学校の中に誘導しようとする仲介役としてのグラウンドワーク三島の役割は大きく、その実務的な仕掛けにより、多くの子供たちが地域で成長している。

5.1 学校の中庭・人工芝をビオトープに――長伏小学校「夢トープ」

グラウンドワーク三島による学校ビオトープ事業の始まりが長伏小学校である。教師、児童、PTAと地域の関係企業がそれぞれ力を出し合って、様々な生き物のすむ池を校内につくる夢を実現しようと事業に取り組み、協働型環境教育の場として「夢トープ」が完成した（平成一三年）。

三島市立長伏小学校では、校舎の中庭に張られていた人工芝が老朽化し改善計画が検討され、平成一一年一一月、グラウンドワーク三島にPTA会長から「子供たちのために校庭にビオトープをつくりたい」との相談があり、「総合学習」の教材にも利用できるビオトープづくりのためのコーディネーター役を引き受けることとなった。

そこでまず、専門家を招いての勉強会、自然観察会を開くなど、直接地元を歩いて周辺の生き物について勉強する機会を設けることから事業は始まった。また、当初より地域住民や企業にも協力を求め、学校だけでなく地域として取り組むことを主眼とした。

その後、平成一二年五月、ビオトープづくりのための実行委員会が開催され、五、六年生の代表と教師、PTA役員らが出席し、子供たちがクラスごとに考えたビオトープのイメージ図の発表や意見交換が行われた。子供らしいアイデアいっぱいのイメージ図には、魚、ハートなどの形の池や、そこに生きる動植物としてクワガタ、カエル、ヤナギ、サクラなど五〇種類が挙げられていた。発表後、子供たちは専門家のアドバイスを受けながら意見をまとめ、夏休みには周辺の自然観察会を実施。ビオトープづくりのためのアイデアやヒントを集め、設計図を製作。一〇回以上のワークショップを踏まえて、中庭に全面的に張られていた人工芝をはがす作業から始め、約一年がかりでビオトープを完成させた。平成一三年三月、子供たちの描いた夢が可能な限り反映されたビオトープは全校児童に披露され、「夢トープ」と名づけられた。

　現在「夢トープ」には野生の花が咲き、二〇種類以上のトンボやメダカなどの身近な生き物たちであふれた風景が学校内で体験できるようになった。ドロバチのアパートなど、ユニークな工夫がいっぱいで、今後はカブトムシのアパートなども建設予定である。また、隣には田んぼがつくられ、子供たちの手で田起こし、田植えが行われ、秋には米の収穫も行っている。以降、近隣の中郷小学校でも学校ビオトープづくりが行われるなど、協働で行うビオトープづくりが広まっている。こうした活動は、学童、ＰＴＡ、地域住民、企業など参加者すべてが自然環境について学びながら、そして、楽しみながら自ら創り・管理し・育てることで、地域への親しみと愛着という大きな実りをもたらすのだ。

夢トープ　平面図

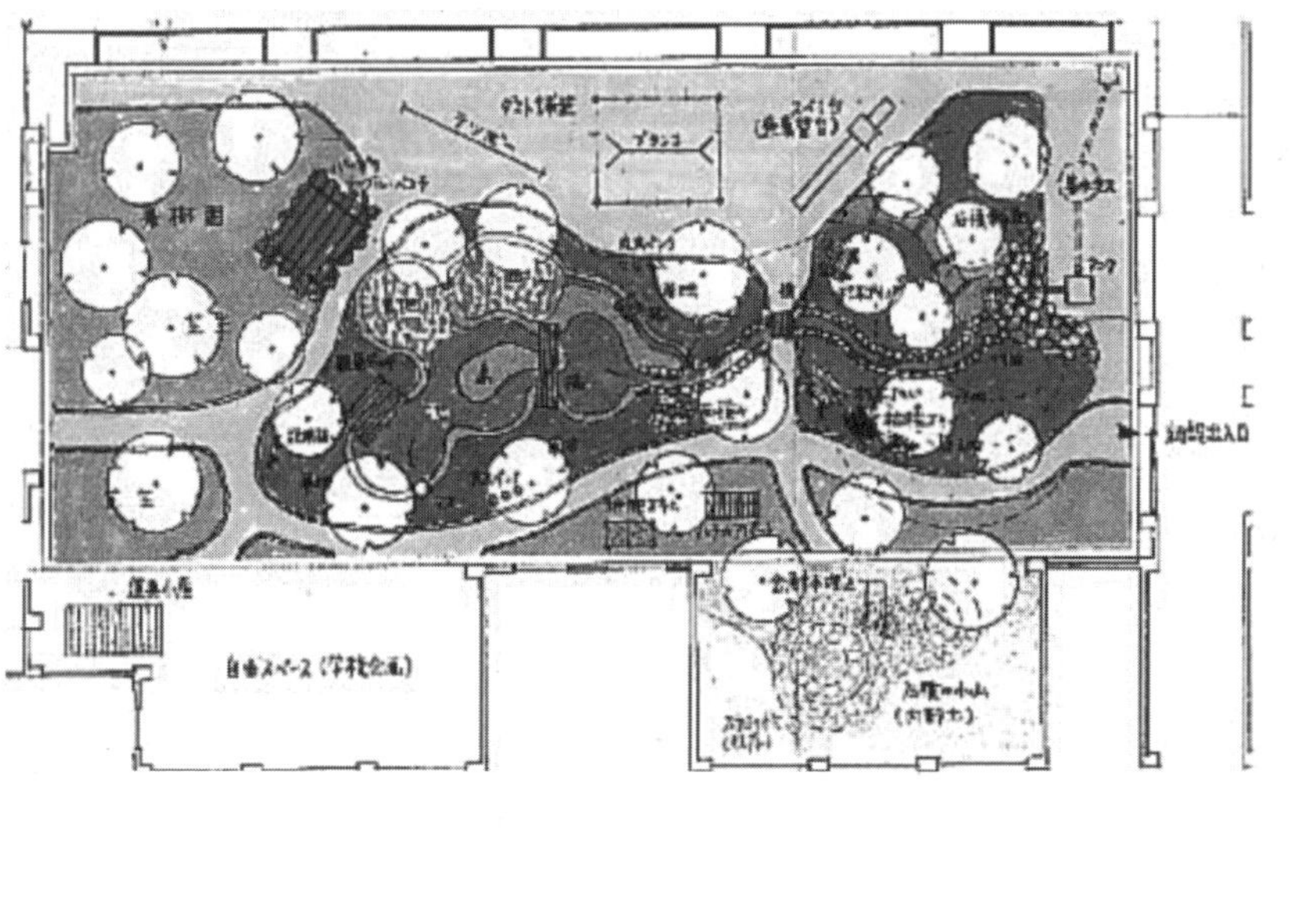

5.2 高校生が中心になってビオトープを創った——三島南高校

「うっそうとした湿地」をテーマに県立三島南高校サイエンス部の生徒たちが図面を引き、校内にビオトープが完成したのは平成一五年七月であり、勉強会、講習会を数多く開催し、一年半かけて完成した。

県立三島南高校は、平成一三年四月に三島市南二日町から現在の同市大場に校舎を移転した。大場周辺の地域は小川や湧水など豊かな水環境を備えており、校舎の移転を機に一部の湿地が失われるなど、環境への影響が懸念されていた。そこで、サイエンス部の生徒約二〇人が中心となり、グラウンドの一角に井戸を掘り池をつくることで、生物が集まってくる空間をつくり、地域の自然環境の再生を試みることになった。発案当初はビオトープ建設に関するノウハウを十分に得ておらず、また、重機などの手配が困難なことから計画がなかなか進まなかったが、グラウンドワーク三島に相談をもちかけ、協力を得ることで活動が本格化に向かった。

この頃には、既に近隣地域の長伏小学校等における学校ビオトープ実績が周辺の住民にも知られており、また三島南高校の関係者の中にもそれらの事業に関わりビオトープづくりを経験している者も見つけることができた。このような人々の協力やアドバイスを受けながら、生徒たちはグラウンドワーク三島とともに一年半にわたる調査を重ね、「うっそうとした湿地」をテーマに、本格的な設計図を完成させていった。整備作業は、学校、地域、PTA、後援会などの連携により、基礎工事からデッキづくりまで三日間で完成した。「校庭の片隅にちょっとしたビオトープを、というつもりでいたのに、実際はかなり大きくて、改めてすごいことだと実感しました。サイエンス部の生徒たちはみな積極的で、三年生は受験を控えながらも作業に参加してくれる熱心な子供たちばかりです」と顧問の沖田先生は語る。サイエンス部のチームワークのよさと知恵がビオトープづくりを成功させた秘訣かもしれない。生徒たちの中には卒業後も作業を手伝いたいという子もいる。今後は環境学習の場など、全校生徒が活用できる工夫をする計画である。

5.3 保育園児が「ビオトープ」を知っている——函南さくら保育園

函南町には、小さな保育園児でも「ビオトープ」という用語を知っている全国でもまれな保育園がある。その函南さくら保育園では、子供たちが自由に遊べるようにとの思いが込められた「遊子《ゆうし》トープ」と名づけられたビオトープが、幼児たちの手によって整備された（平成一七年）。

「こんなにまわりに自然が残っており、畑や田んぼもいっぱいあるのに、自由に遊べない。子供たちに自由に自然にふれさせたい」という函南さくら保育園の遠藤園長の思いから、ビオトープづくりが始まった。「この数年、函南町でも『見える自然』があっても『遊べる自然』がなくなってきています。保育の場面でも、子供たちの意欲をかき立てるようなものが減っています。以前のように生活体験をさせてあげたい。環境教育を取り入れるにはどうしたらいいのかと考えていました。偶然、新設された三島南高校のビオトープづくりを見学し、『ああ、これだ！』と思ったんです。ビオトープは、自然環境の基礎である四季を体験できるので、観察する心がつけられる。観察から感動、さらに関心が広がり感性が育てられると確信しました。ここでは地味でも地域古来のものを植えています。観察できる子に悪い子はいません」と園長は話す。

函南さくら保育園でのプロジェクトは、対象者が〇歳から六歳未満の幼児であることが最大の特色である。グラウンドワーク三島にとっては初めての経験である。保護者も年齢が若く、自然環境の再生活動には問題意識と関心が高い。しかし、何回かのワークショップを開催して感じたことだが、保護者自身が子供の頃から自然に接する機会が少なく、ホタルを見たこともなく、虫が嫌い、草むらが怖い、蛇やカエルに触ったこともないなど、自然の楽しさや不思議さを実感してきていないことがわかった。これでは子供たちが自然に近づくこともできず、動植物への優しさの感性を磨くこともできないはずである。そこで、まずはビオトープ見学などを通じて親の教育から始めることとなった。

ビオトープづくりに際しては、二〇人以上の保育士さんたちや一〇〇人以上の父兄とともに、数多くの議論を重ねた。建設のために必要な個々の資材や機材などは「パートナーシップ表」として父兄に配付し、具体的な支援者を募った。父兄の関心は大変高く、土、竹、木材、石、田んぼの耕作土、植木などの資材や、トラック、重機、一輪車、スコップなどの機材を提供してくれた。そして、土木技術者、水道屋さん、大工さん、植木屋さんなどの専門家についても、多くの支援者が名乗り出てくれた。

ビオトープに植えた植物は地元の植生で、保育園近くの湿地等に子供と親とが採りにいったものである。丸太なども実際に間伐してその材の皮をむいて利用し、石も近くの川原に採りにいった。水を確保するために地面を一四メートル程度打ち込んで本格的な井戸堀も実施した。基本的な整備作業は六回、準備作業まで入れるとその倍となる。一回当たり子供から大人まで約二〇〇人もが参加し、足の踏み場もなく、誰にどのような作業を担ってもらうか役割分担に大変苦労した。

ビオトープには、子供たちが直接ビオトープに踏み入れなくとも楽しめる通称「お弁当デッキ」が園の発案によりつくられている。また、「どろんこ広場」として整備した箇所は、いつのまにか野菜畑になってしまっていた。ビオトープという観点からいうとどうかという気もするが、園の自由な発想を尊重している。グラウンドワークはあくまでもコーディネーターで、整備のあり方の押しつけはしない。

平成一六年夏から整備に取り組んできた「遊子トープ」は平成一七年三月の卒園式にあわせて開園した。また、この外部に委託すると一〇〇〇万円程度はかかるであろう整備費が実に二〇〇万円程度で完成した。

ビオトープづくりを契機に、地元の自然環境の専門家を講師に招いてビオトープや周辺の自然環境をフィールドにする「自然学校」が月一回程度開催されるようになった。園児はもちろんのこと、保育士の先生方も熱心に身近な環境を学んでいる。

この幼児用ビオトープは、やり甲斐のあるプロジェクトであった。グラウンドワーク活動の神髄と真価は、「人々の心を変え、新たな感動を創造」することにある。子供たちが必要としているのは、小川で魚を追っかけ、湿地で泥遊びやザリガニ捕り、草地で虫捕りやホタルの観察などが気軽に体験できる「大自然ワンダーランド」の存在ではないだろうか。人工的な自然空間とはいえ、子供たちにとっては不思議のジャングルに感ずるだろうし、ザリガニやカエルの感触は一生忘れられない記憶として残っていくものと確信する。

共通の課題に対して、関係者の知恵と行動、汗で解決していこうと問題を投げ掛ければ、これほどまでに賛同者が増え、前向きで創造的な提案がなされ、事業計画が充実していく。グラウンドワーク三島の時間をかけた粘り強い「合意形成のプロセス」は、本質的な民主主義の原点であり、新たなる「市民公協事業の基本的なシステム」である。物づくりのハード整備の中から、住民の関心を高め、事業主体者としての自己責任の意識を醸成していく。そして、環境教育的波及効果としての施設活用の多面的なソフトを充実させていくのだ。

5.4 鎮守の森探検隊

三島市内には、昔から地域の人々に守られてきた鎮守の森が五〇以上もある。そこは生き物がいっぱいの自然の宝庫でもある。例えば、三嶋大社には樹齢一二〇〇年といわれるキンモクセイがある。他にもクスノキ、ケヤキという何百年も生きている大木がたくさんある。そして野鳥や昆虫がすみ、すばらしい自然が残され、都市の中の動物のすみか、自然のビオトープとなっている。また、この森は炭酸ガスを吸収し、酸素をつくり出し、地球の温暖化を防ぐことに大変役立っている。このように大切な役割を果たしている「鎮守の森」も、管理している人が年をとったり、人々が気にかけなくなったりすると、少しずつ弱っていくようだ。そこで、市内の森に行き、木の種類や状態を木のお医者さんや動植物の先生と一緒に調べ、私たちに何ができるかを考え、私たちの大切な森を守るためのできることを探るために、「鎮守の森探検隊」を企画し、三島市民に参加を呼びかけている。

「鎮守の森探検隊」は、三島の自然環境をフィールドに子供と大人が専門家とともに環境学習するプログラムで、年間を通じて開催している。講師も多彩で、大学の先生をはじめ、地域在住のトンボや動植物の専門家、樹木医、街づくりや木工の専門家、大学生、地域の代表など数十名が務める。この事業は平成一四年度より開催しているが、毎年参加する熱心な親子もいるほどである。

6 環境再生から街づくり・人づくりへ

6.1 歴史的建築物の再生で街のにぎわいを復活——丸平商店

三島の中心市街地中央町界隈は、旧東海道に面した町屋が続き、江戸時代の昔から中心地として栄えたところである。今でも創業一〇〇年以上の老舗が十数軒数えられる。また、昭和初期に建てられたモルタル塗りの看板建築の名残をとどめる店舗も何軒かみることができる。そのような中にあって、最も古い建物が「旧丸平金物店」だ。木造の上に土を塗った蔵造りと言われる建築様式で、店に続いた庭の奥にあるなまこ壁の蔵とともに非常に歴史を感じさせる地域の宝物である。グラウンドワーク三島はこの建物の再生をプロデュースし、小粋なお店「おにぎりカフェ　丸平商店」として再生を図り（平成一五年）、街のにぎわいの創出に貢献している。

三島では中心街である旧東海道沿いの電柱の地中化工事が進んでおり、あわせて、ある意味で街並みのシンボルであったアーケードの撤去も進んでいる。工事が終わった区間は視界が開け、開放感を感ずる。しかし、街並みには伝統的な意匠を持つ歴史的な建造物も少なく、色彩的な統一感もないことから、古ぼけた商店街が露出しただけの寂しい印象である。膨大な公共事業費を投資していると推測するが、土木工事が優先された街づくり事業推進の中に、街中に本当のにぎわいを取り戻そうとする「長期的な戦略や具体的なアイデア、挑戦的な情熱」がほとんど感じられない。公共事業を華やかに推進しても、完成後の活用方策が明確に策定されていない、事業先行型の危うさと街づくりのマネジメントの欠如を感ずる。「構造物を創って魂入れず」の従来型の公共事業の手法だと思う。

行政側は、直接的な利害者である商店街の人々と多くの時間を割き、整備手法について議論を重ねてきた。また、整備後の活用方策についても、当然、先進地の視察や講演会など、商工業者が中心となって専門家のアドバイスを受けながら、懸命な試行錯誤を蓄積してきたことも承知している。しかし、完成しつつある現場には、何故に驚きや斬新さが感じられないのだろうか。やはり、何のために整備しようとするのかの根本的なコンセプトと、面白い商売を仕掛けようとするマーケティングの未成熟が原因だと思う。街中のメイン通りの意匠を変えることによって、消費者、お客様に何を訴えようとするのか、明確に組織的に整備されないままに膨大な資金を投入しての公共事業が優先し施工されていく。街はきれいになったが、地域固有の個性や情緒が感じられない結果を招いている。

旧来からの歴史的建造物が醸し出すゆったりとした雰囲気や、地域固有の食文化の消滅など、余りお金を投資しなくても済む領域での検討がなおざりにされている。形を創ることを急ぐと、軽薄な雰囲気と形しか残せない。街づくりは、その街の新たなる百年の大計を創ることだ。歴史性・文化性の尊重と踏襲、再生、復活が偉大なる創造活動だと考えており、「原点への回帰は、創造への飛躍」になるのだ。

グラウンドワーク三島は、歴史的建造物である「丸平金物店の再生」活動を演出させていただいた。現在、よみがえった建物は、街中でひときわ輝きを増し、「歴史のカフェ」として市民の人気のスポットになっている。破壊寸前だった金物屋と蔵が、再生と工夫のプロセスを経て、集客性と収益性の高い街の宝物に変身したのだ。しかし、そこに隣接していた同規模の歴史的建造物はほとんどが壊されてしまった。電柱の地中化工事との全体的・一体的な取り組みが可能であったなら、もっと多くの蔵や看板建築などの建物が保存され、統一感と歴史性を持った新たなる街並みが再現されたことと思う。グラウンドワーク三島としては、今後、地域の環境改善の活動ばかりではなく、豊富な異業種の人材ネットワークを駆使して、東海道の宿場通りや下田街道の門前町通りの商店街振興にもお役に立ちたいと考えている。「潤いのある街から、うるおいのある街へ」が、源兵衛川再生の基本的なコンセプトだ。「街に潤いの水辺が戻れば、人々が訪れ、商店街の活性化が進み、地域振興が図られる」が目標だった。水辺周辺ではせせらぎの散策コースも整備され、全国各地からの訪問客も増加している。次は、旧道を中心とした街中のにぎわい再生に、グラウンドワーク三島の知恵とアイデア、行動力を発揮し、新たなる街づくりプロジェクトに挑戦していきたいと意気込んでいる。

6.2 観測拠点を市民環境教育の拠点に——旧三島測候所

今、三島市では、旧「三島測候所」の取り壊し問題を通して、地域が守り伝えていかなくてはならない宝物とは何かについて、その対応姿勢が問われる切迫した状態となっている。

三島測候所（三島市東本町）は、昭和五年に開設した。鉄筋コンクリート二階建てのモダン建築で、昭和五〇年代には建築学会の「日本近代建築総覧」に掲載されたこともあり、文化財としての価値が高い。建物内の床や階段は重量感のある大理石づくりであり、壁にはチーク材が張られ、天井などは漆喰塗りで細工が施されている。扉や家具類なども手づくりであり、緻密な彫刻や装飾品など手の込んだものが使われている。一階には気圧計室や地震計室、工作室、現業室、事務室などがあり、二階にある資料室には七〇年間以上にも及ぶ雨量・気温・地震・湿度・風速などの貴重な観測記録が、手書きによる冊子として完全に保存されている。所長室には建設当時にすべての窓にはめ込まれていたステンドグラスの残存が張られており、当時の外観の美しさを想像させる。

建設当時は外壁が桃色に塗られていたとも言われ、屋上の風見鶏と天候を表示する旗の存在とともに三島も、屋上からの展望の大切な原風景であり、地域住民の建物に対する愛着と思いはひときわ強いものがある。屋上からの展望も、正面に富士山が、東側には箱根の外輪山が眺望でき、現在でも視界を遮る高層の建物はなく、一〇メートル程度の高さだが大変高く感じる。また、富士山観測の前線基地の役割や箱根越えの飛行機への有視界飛行の有無を知らせる役割など、気象学的な位置づけも重要な機能を備えた観測施設であった。建物は、当時としては珍しい鉄筋コンクリート造りとなっており、数々の地震に耐えてきた堅牢な建物である。四〇代までの三島市民は、たぶん小学校時代に三島測候所に出向いての理科の見学会を経験しており、懐かしさを覚えると思う。

この測候所が平成一六年二月、観測機器の移転工事の完了に伴い使用されなくなり、「基本的には今後建物を取り壊し更地とし、財務省に返還することになる」との情報が地方気象台より伝わった。すると、すぐに地元住民の間で「三島のシンボル」として保存を求める声が上がった。歴史的・文化的に価値が高く公共性のある建物であることから、土地を含めた取得を三島市に要請したものの、現段階では財政面で難しいという回答が得られた。

このような状況のもと、グラウンドワーク三島では「三島の貴重な歴史的建築物を消滅させてはいけない。市民主導で保全再生のための運動を進め、後世に守り伝えなければ」と考え、保全のための運動をスタートさせた。市民に呼びかけ、「三島測候所を保存する会」を発足し、署名運動の展開や今後の保全活用方策の検討を実施した。これまで署名数は一万人を超える。また、要望だけの運動はグラウンドワーク活動に馴染まないとの信念のもと、保存活用案を「市民ワークショップ」により検討・提案しようと、専門家の指導を受け、数多くの議論を積み重ねた。活用案としては、「気象観測」という機能を残し、「暮らしと水」をテーマにした環境教育の拠点を目指すことで意見が集約され、多目的に活用できる研修室やレストラン、ビオトープなども盛り込んだ案となった。

今後、具体的に検討を重ねるとともに、採算性を考慮した「NPOビジネスプラン」の策定や、市民の自己責任に準拠した「運営母体のあり方」など、現実的なコミュニティビジネスのアイデアを取りまとめていきたいと考えている。また、今後とも署名運動や募金運動、市民ワークショップの展開、県内気象予報士との情報交換、富士山測候所の保存運動との連携など、三島測候所保存に関わる多種多様な戦略展開を実践していく計画である。七〇年以上にもわたり親しまれてきた三島測候所も、機械化された区域に高層の建物が建つなどして気象条件が悪化すれば、他地区に移転してしまい、その歴史的名称も消滅してしまう。全国各地で多くの歴史的・文化的建造物が、真剣な議論や知恵の結集もなく、無意識のうちに破壊されている昨今、グラウンドワーク三島の粘り強い挑戦と提案が成就すれば、古き宝物の「再生プロセスのサクセスストーリー」が実証できると考えている。

6.3 環境コミュニティ・ビジネスへの挑戦

NPOの運営にとって補助金や助成金に頼らずに独立性、自主性を担保するためには、安定的な資金調達の仕組みを構築する必要がある。このような問題意識を踏まえ、グラウンドワーク三島では、地域で眠っている資源を活用し環境問題を解決しながら地域の活性化を目指す「環境コミュニティ・ビジネス」事業に、地域の企業とも連携し、平成一五年度より取り組んでいる。経済産業省のモデル事業の一つになったが、そもそもこの事業は、経済産業省が当該事業をスタートさせる際にグラウンドワーク三島に何度もヒアリングや現地視察を実施し、三島のアイデアをベースに立ち上げられたものである。これ以外にも三島の活動をモデルに組み立てられた国の事業はいくつかある。地域からの変革に僅かながら貢献しているのではないだろうか。

環境コミュニティ・ビジネスを通じて達成したい目標は三つある。一つは環境保全活動の拡大である。これは従来実施してきた活動を拡充するために、コミュニティ・ビジネスを通じて地域に再投資できる自己資金をある程度蓄えるとともに、地域内で資金循環が起こる仕組みをつくることである。二つ目は、再生された水辺環境資源の活用である。グラウンドワーク活動によって再生された多くの水辺自然環境は、地元の方にはある程度親しまれているものの、観光資源としては十分に活用されてはいない。地域の活性化資源として有効に活用したい。したがって三つ目の目標として、地元商店街の活性化と連携し、集まった人たちに水辺を散策してもらうような有機的な仕組みをつくり上げたいと考えている。水辺都市の回遊性を活かした街づくりの実践である。これらの目標を達成するために、これまで有効に活用されてこなかったシニアや女性などの地域の人的資源、放置竹林、間伐材、さらには規格外野菜などの地域の環境資源を有効に活用した新しい市民ビジネスを構築していくことが本事業の目的である。

これまで、事業プログラムとして「せせらぎシニア元気工房」「そばつくり隊」「うみゃあもん屋台」などに取り組んできた。「せせらぎシニア元気工房」は、シニア有志約三〇名からなるグループで、主に放置竹林の竹材や間伐材、建築端材などを活用して、木工品を開発・製作・販売する。平成一六年度は放置竹林で約二〇〇本伐採し、荒廃した里山のスギ・ヒノキも約三〇〇本を間伐して、寄せ豆腐容器の「青竹容器」、そばを保存するための「もろ箱」や「餃子箱」、週一回の水やりで十分なプランター「ほっとけプランター」などを開発し、製作販売した。これらの活動については、グラウンドワーク三島の参加団体である「遊水匠の会」から製品づくりに関するアドバイスを受けるとともに、関連する地元企業（広川建設）より活動場所「悠遊工房ひろかわ」の提供を受けた。

「そばつくり隊」は、箱根西麓の休耕地を活用してそばを栽培し収穫・販売しようというもので、初年度は実験的に休耕地約一〇〇〇平方メートルを活用し、約三〇キログラム収穫した。これらの活動には、箱根西麓地域で有機農法による生産を続ける生産者グループ「のらみちの会」の技術支援を受けながら実施した。また、地元企業や農協との連携を図り、市民を対象に収穫祭やそば打ち体験会なども実施した。箱根西麓には現在約二〇〇ヘクタールもの休耕地がある。これらの農地では土砂の流出という問題も発生している。今後、これらの土地を有効に活用して本格的にそばや小麦の栽培等を行い、「箱根西麓そば・うどん」としてブランドを確立していきたい。

「うみゃあもん屋台」は、移動が自由な屋台を製作・活用して、街のにぎわい再生プロジェクトの一環として行っているものである。屋台の材料は、清住緑地愛護会の方の物置に眠っていたリヤカーを譲り受け、地元企業の協力を得て骨組みを整え、加工組立ては「遊水匠の会」が実施した。街の様々なイベントに繰り出して商品を販売している。ここで販売する商品は、箱根西麓地区でとれた規格外野菜やそれを材料とした加工食品などである。加工に当たっては、三島の食のブランドづくりにこだわる（株）食彩工房が「地域活性化につながる環境改善活動に関わりたい」と協力してくれた。ところで、この箱根西麓野菜は主に首都圏の料亭に納入されている高級野菜であるにもかかわらず、地元の人にはそれがあまり知られていない。このプロジェクトを機会に地域のよさを再確認するとともに地産地消の促進を図りたいと考えている。

これらの活動は試行錯誤の段階であり、大きな収益はまだないが、今後リタイアする団塊の世代の活用や雇用の受け皿にもなると考えられ、地域社会の期待やニーズを満たす事業としての発展可能性は大きい。今後、生産・販売の流通システムの確立、定期的な出店による固定客の確保、安定的な人材の確保や販売ノウハウの習得を通じて、コミュニティ・ビジネスによる環境保全と地域社会の活性化の双方に貢献する持続的な仕組みを構築したい。

6.4 全国からの視察

グラウンドワーク三島への平成一六年度の視察者数が過去最高の二二〇〇人に達した。視察者の統計を取り始めて一一年間での視察者総数は一万三〇〇〇人、件数では八〇〇件以上となり、年平均では毎年一二〇〇人、八〇件近いNPO・行政・議員・個人・専門家・学生などが、グラウンドワーク三島の活動に興味と関心を持ち、現場を訪問していただいた。今では海外からの視察者も多く、特に発展途上国への技術援助を目的とするJICAのカウンターパート研修の地として認知されている。

グラウンドワーク三島の何が、こんなにも多くのNPO活動に関わる関係者を引きつけるのであろうか。それは、「連携と協働の具体的なノウハウを知りたい」という意思の表れではないかと考えている。現在、県内をはじめ、多くの自治体、地方において「連携と協働・パートナーシップとコラボレーション」の必要性と重要性が声高に叫ばれている。各自治体の首長を筆頭に、「住民参加」や「住民参画」の必要論が飛び交い、NPO・行政・企業とが一体化して物事に対処すると大変効率的に難題が解決できてしまう雰囲気が醸成されている。しかし、グラウンドワーク三島の経験と認識では、この連携と協働の具体的なシステムの構築、すなわち相互の役割分担と立場の認識や新たなる信頼関係の育成は、そんなに簡単に成就できるものだとは考えていない。そこには複雑性と混沌性の要素が内在しており、経験則的に考えても、簡単に実現されるものではない。円滑な連携と協働の関係構築には「膨大な議論と時間の蓄積」と「試行錯誤と複雑な合意形成のプロセス」が横たわっており、それらを乗り越えなくては成り立たない。

グラウンドワーク三島の具体的な手法の中には、「非常に難解な要素」と「非常に単純な要素」が複雑多岐に絡み合っているといえる。すなわち、活動現場は地域や町内会であり、そこで発生した身近な環境問題をターゲットにすることから始まる。問題点を明確化し、利害者や関係者を総動員して、課題解決のための合意形成のプロセスを積み重ねていくのだ。課題解決のための様々な処方箋を策定するために、地域総参加の体制をつくり上げ、多くの時間を費やし、様々な地域情報を汲み取りながら作業を進めていく。この調整、仲介役が、グラウンドワーク三島の存在と役割となる。

どちらかと言うと、この前提条件の環境整備の段階が「難解の活動領域」である。「非常に単純な要素」としては、「行動と実績づくりの活動領域」だ。「右手にスコップ・左手に缶ビール」の言葉に代表されるように、議論ではなく、現場に飛び込み、無理のない範囲でまずは行動・実践することにより、成果・実績を残すことを指す。活動終了後の飲み会において、さらなる課題を出し合い、今後の戦略や夢を語り合い、意思の疎通と信頼関係の醸成を行っていくのだ。

グラウンドワーク三島の最大の特徴として、この一四年間で実践してきた三四の地区が、地域住民の主体的な意思により、すべて美しく維持管理されていることにある。これは、施設造って魂入れずの公共事業的物づくりではなく、地域住民の思いやこだわりの気持ちが入っての物づくりを進めてきた証しでもある。視察者の多くは各地域で物づくりや維持管理に苦労を経験されていることから、私たちの現場を案内させていただくと、驚嘆の声を上げられる。その管理の徹底さと施設から醸し出される地域住民の思いを感じられるからだ。視察者は共通して、「何て優しく、温かく、地域の景観や特性にマッチした安心できる雰囲気なんですか」と驚かれる。これは、膨大な議論と多様な意見の吸収、実践を通した臨機応変な対応によって蓄積された要素によるものだと感じている。グラウンドワーク活動の際立った特異性は、行政や企業ではなし得ない地域住民の思いの結集、パートナーシップの力だと考えている。

多様な価値観と意思を有機的に結合していく結集力のシステムづくりは、グラウンドワークに代表されるNPOの力なくしては、成し得ないものだ。行政費の節約、企業の社会参加、地域住民の主体性の醸成、多彩な社会的・教育的社会効果の期待など、連携と協働の関わりから生まれてくる波及効果は計り知れない。NPO法の成立当時は、グラウンドワーク三島への視察者は減少した。NPOの組織論やマネジメント論、資金財政論などが優先し、総論に問題意識が偏重した。しかし、いくら高度で専門的な知識を吸収しても、現場での実践論が現実的で先進的でなくては地域住民の賛同と支援はおぼつかない。この非常に簡単な理屈が最近は見直され、実践論を求めて視察者が増加したのだと分析している。

英国のグラウンドワーク活動の最大の理念・目標は、地道な地域活動が国の制度変更を誘発し、社会・地域システムを自分たちがイメージした姿に変革していくことにある。日本のNPOもこれから、税金の優遇制度の要求や行政側からの補助金や委託金の支援制度の充実などを国や議員に要求するのではなくして、生活者の目線と現場に立った社会的サービスを育成・充実させていく。新たなる社会制度の提案を実践論に基づき行うべきだと思う。

6.5 三島発グローバルな取り組みへ

グラウンドワーク三島では、三島を拠点に国際的なグラウンドワークのネットワークを構築していきたいと考えている。すでに英国のグラウンドワークとは提携関係が構築されている。今後はさらに、具体的にはアジア地域へのグラウンドワーク手法の導入を図る拠点形成を目指し、すでに始まっている梅花藻保全を通しての韓国との交流活動、JICAと連携した人材育成・技術移転事業、環境バイオトイレのアジア輸出による国際的生活環境改善活動への取り組みなど、その活動をグローバル化していく予定である。

例えば、韓国との梅花藻交流として、韓国・江華島で梅花藻の保護活動を行っている「韓国ナショナルトラスト梅花藻委員会」との相互交流が平成一五年より始まっている。韓国の梅花藻はソウルの北西約五〇キロ、北朝鮮と境する江華島の沿岸に群生する。春には沿岸一帯に花を咲かせ、現地で「白い海」とも呼ばれている。韓国でも開発や農薬等の影響で、一時は群生地が消滅の危機を迎えたが、市民の募金や地主の協力などによるトラスト運動で保護活動が進んでいる。韓国ナショナルトラストのメンバーは、同様の活動を実施しているグラウンドワーク三島の活動をインターネットで知り、お互いのノウハウを共有しようということで交流が開始された。平成一七年には相互で「梅花藻交流協定」を締結した。目的は、①梅花藻を通した両国の環境情報の交換と文化、歴史、人などの交流による親睦の拡大、②自然保護と貴重な自然資源再生のための国際ネットワークづくりである。ふるさとの宝物を子供たちに伝えたいという思いは日韓同じである。この梅花藻交流を通じ、活動のノウハウや思いを共有し、日韓の絆を深めたい。特に、地域の合意形成や企業へのアプローチなど、今まで蓄積してきたグラウンドワーク三島の具体的なノウハウを提供し、グラウンドワークのネットワークの拡大・強化を図りたい。

また、グラウンドワーク三島は、環境バイオトイレを「企業とNPOとのグローバルビジネス」として世界に広めたいと考えている。環境バイオトイレとは、富士山の山小屋から垂れ流されるし尿問題解決のために富士山の五合目と山頂に実証実験を兼ねて設置したもので、大阪府吹田市の町工場である東陽網業とともに開発に取り組んできた。間伐材や廃材などの杉材を原料とした杉チップを使用した自己完結型トイレであり、何百人ものし尿を炭酸ガスと水に分解してしまい、無臭で廃棄物が残らない「ゼロエミッション型トイレ」である。富士

韓国との梅花藻交流

山への設置は、グラウンドワーク三島のメンバーやその参加団体であるNPO法人ふじのくにまちづくり支援隊などとの協働作業によって実施した。

そこでグラウンドワーク三島はそれらのノウハウを活かし、このバイオトイレを、例えば最貧国で実施されている日本ユネスコ協会の寺子屋づくりとのセットによる学校周辺の環境改善への寄与、アフガニスタンなど世界遺産地区での活用、難民キャンプやスラム街での生活環境改善プロジェクトの展開、スマトラ沖地震被災地での使用など、し尿処理から起因する疫病の解決の特効薬として利活用する様々な「国際的なプロジェクト」への取り組みを企画している。このバイオトイレが売れれば、里山や山間地の杉の山林は経済的・環境的に再生する。そして海外の生活環境があわせて改善され、子供たちの死亡率の増加に歯止めがかかり、新たなる地域産業も創出され、職場も生まれるなど、バイオトイレを通した「環境改善の循環、資金・産業創出の循環」が社会システムとして胎動するのだ。海を超えた壮大なNPOプロジェクトが、今、船出しようとしている。

環境バイオトイレ

6.6 今後の新たな展開

グラウンドワーク活動へのモチベーション維持の秘訣は、「挑戦的で創造的な新規事業の連続的な仕掛け」の設定だ。継続的な活動経過の中で引き続き新たな活動への仕掛けを始め、事業終了後に新規事業への重層的な仕掛けを始めていく。この絶え間ない連続性の中から、とぎれない集中力と街づくり活動への発展的な問題意識の継続性が担保されていくものだと考えている。一歩一歩の地道なNPO活動と、先駆的・先進的なNPO活動とのミックスが、相互に有機的に結合して、新たな潜在力と活動力を生み出していく。NPO活動は、その延長線上で地域社会や社会全体の仕組みやシステムを変革していくための社会運動である。NPO活動は、余暇時間を過ごすための社会貢献活動としても非常に重要な要素であると思うが、市民が理想とする地域社会を創造していくための、市民発意による試行錯誤の実証実験の場としての要素のほうがもっと重要だと思う。実践を通して実績を残し、市民に評価・検証してもらい、理想の社会的なサービスを創り上げていく。

グラウンドワーク三島は今後も多くの創造的な事業に挑戦する。その一つがコミュニティ・ホールの運営である。グラウンドワーク三島はこのたび事務局を移転した。場所は、市の中心商店街の東海道沿いで、中心市街地の再生を目指して設立された第三セクター「みしま街づくり株式会社」の運営する建物「Via701」である。この建物一階に貸ホールが設けられており、街のにぎわい創出に向けたホールの企画運営を街づくり会社と協働で実施することとなったのである。

ホールの活用プログラムの核となる機能の一つが「グラウンドワーク全国研修センター」の運営である。一九九〇年代初めに日本にグラウンドワークが紹介されて以来、地域において具体的に活動する組織や全国組織である(財)日本グラウンドワーク協会が設立され、ゆるやかではあるがグラウンドワークの輪は広がってきた。中でも、グラウンドワーク三島はその設立以来、先駆的な取り組みを持続的に実践し、日本におけるグラウンドワークの可能性を実証し続け、多くの視察者を迎えるなど全国から注目を浴びている。また、グラウンドワーク三島ではこれまでも「環境ボランティアセミナー」など、人材育成事業に取り組んできた。このような状況を背景に、日本におけるグラウンドワークの人材育成拠点・組織交流拠点・情報発信拠点を、三島をフィールドとして形成するものである。NPOの研修機関は全国でも数多く存在するが、実際の活動を身近に体験でき、かつ現場の生の声を聞くことのできる研修センターは、たぶん全国で唯一であろう。今後、三島を日本におけるグラウンドワークの拠点として改めて位置づけ、「グラウンドワーク全国研修センター」を三島市や日本グラウンドワーク協会と連携して運営し、日本におけるグラウンドワークの全国ネットワークの強化・拡大を図る計画である。

また、英国のグラウンドワークとの人材交流や情報交流など実質的な連携プログラムも三島が中継拠点となって行う。すでにグラウンドワーク三島と、英国の最大・最古参のトラストでグラウンドワーク三島実行委員会の設立以来交流のあるグラウンドワーク・オールダム&ロッチデールとは、平成一五年に「パートナーシップ合意」を締結し、より強固で具体的な連携を図ることとなった。また今後、グラウンドワーク全国研修センターの運営を期に、グラウンドワークUK本部とも提携関係を結び、アジアのグラウンドワーク拠点としての機能を発揮する計画である。

最後に、三島市では内閣府より地域再生計画「三島せせらぎ・にぎわい再生の街づくり・人づくり」が認定され、また、それを推進するためのモデル事業の支援をグラウンドワーク三島が受けることになった。国の認定する自治体計画にグラウンドワークがここまで明確に位置づけられたのは初めてであろう。この事業はグラウンドワーク三島によるこれまでの市内各所での活動成果をベースに、地域の資源を活用した環境・

まちづくり体験研修ツアー（エコ・スタディ・ツアー）の実施等を通じて、三島の街のにぎわい再生に向けた戦略的なシナリオを地域協働で策定・実行しようというものである。

このように、今後も実施する事業が目白押しであるが、グラウンドワーク三島のさらなる強固な活動基盤の醸成と地域への浸透強化も課題に、様々な課題に取り組んでいきたいと意気込んでいる。今後、どんな苦労や困難が待ち構えているのかわからない。不安だと思えば、疲れる。いろいろなことが経験できると思えば、気持ちも楽だ。グラウンドワークとは社会を変革する活動だと説明したものの、この先どんな社会が来るのか、本ばかり読んでいてもわからない。ＮＰＯの生きた現場は地域であり、お客様は生活者である。その目線に合った、現実的でわかりやすい活動の継続が、社会の変動を把握できる最も敏感なリトマス試験紙だと思う。

第4章

パートナーシップの形成

1 グラウンドワークとは

1.1 パートナーシップがキーワード

一九八〇年代の英国は、国の財政が破綻し、銀行も倒産し、大企業の工場が閉鎖され、失業者が増大して、生活に最も身近な生活環境の維持さえ国が責任をもって対応できない状況になっていた。国にはお金がない。しかし、地域の環境改善には取り組んでいかねばならない。今の日本も、当時の英国の財政事情に似て、払い切れないほどの財政赤字をかかえている。では、どうすればよいのか、的確な処方箋が存在するのか。

この難問に挑んだのが「グラウンドワーク」だ。そのシステムを一言で言えば、市民・行政・企業の三者がパートナーシップを組み、地域の環境改善活動に乗り出す。その三者の仲介役・調整役になるのが「トラスト」と呼ぶ専門組織である。トラストが三者の協調関係をとりながら、問題解決のために知恵を出し合うわけだ。

英国では、このトラストが全国の四九地区に拠点を置き、常勤が一七〇〇人、八万人以上のボランティアが参加している。職員の給与はほぼ地方自治体並みで、週休二日で年金もある。事務所は、水車小屋や廃屋の工場、民家などを改造して再利用しており、資金的には、政府からの補助金が四割近くを占め、ほかに企業やEUなどからの資金を活動費として運用している。

スタッフの人件費の一部を国が負担しているが、それでも国が直接税金を使って公共事業で行うよりも安く、よりきめの細かい機動性に富んだ社会サービスが提供できる。トラストは市民や企業の寄付や助成、ボランティアの支援、行政の事業委託や補助を受けながら、事業をこなしていく。もちろん企業や個人の寄付には一定の範囲内で税金がかからない。行政の補助を受けているとはいえ、トラストは一種の民間会社と同じである。市民の協力が得られず収支のバランスが悪いと倒産することもある。しかし、トラストは環境問題に関心の高い若い人たちや女性の職場になるだけでなく、高齢者の生きがいの場、企業の社会貢献の場にもなっている。

このような英国での先駆的な取り組みを、日本において初めて導入し、独創性と斬新性、アイデアに富んだ市民運動を開始したのが、静岡県三島市の「グラウンドワーク三島実行委員会」の活動である。本会は平成一一年一〇月一日に「特定非営利活動法人・グラウンドワーク三島」として法人格の認証を受け、三島市などからの事業委託の受注や専属スタッフの雇用など、自立した市民組織としての組織基盤の強化に取り組んできた。

1.2 英国グラウンドワークの概況

ここでもう少し、英国グラウンドワークを紹介する。グラウンドワークは、一九八〇年代初めに英国で始まった環境再生あるいは地域再生のための組織・仕組みである。英国で発生した都市と農村の境界部（アーバン・フリンジ）の環境問題や大都市中心部の貧困地域での社会環境問題（インナー・シティ問題）など、社会的に困難な地域での課題克服に向けて、地域住民・NPO・企業・行政のパートナーシップ事業体であるグラウンドワーク・トラストが実に多様なコミュニティ再生プロジェクトを仕掛けるところに特徴がある。

一九八〇年代初頭に組み立てられたグラウンドワークのシステムは、地域再生政策の一環として英国政府が進めた社会実験事業に始まった。事業の要件は、パートナーシップのメカニズムを基本とし、ボランタリー・セクターの熱意、民間企業のノウハウと資源、そして地方自治体の権限と技術及び資金をうまくかみ合わせた独立チームの育成というものであった。当時の英国の大都市周辺地域は、産業社会構造の転換に伴い、土地の荒廃や景観の劣化、水質汚染や自然環境の悪化、スクラップ場やゴミ捨て場などの侵入など環境問題を招き、これらの地域への人々の関心を遠ざけていた。このような状況に対し、三者のパートナーシップ事業体であるグラウンドワーク・トラストがコーディネイトする地域の環境改善事業を通して、地域のエンパワメントを促し、地域環境の総合的なマネジメントを目指すこととなったのである。

英国グラウンドワークは、「協働の環境活動によって、持続可能なコミュニティを構築すること」を組織のミッション（使命）とする。活動のスローガンは時代とともに移り変わり、一九八〇年代が「行動のためのパートナーシップ」、一九九〇年代が「環境のための行動を」、二〇〇〇年代が「地域を変えて、生活を変えよう」と変遷している。近年、グラウンドワークでは、その目指す社会ビジョンを「活力にあふれ、健康的かつ安全で、地域及び地域環境が尊重され、個人や企業が繁栄できるコミュニティで構成される社会」と規定し、その目標像達成のために、①複合的で地域コミュニティが参加するアプローチを通して地域の再生を促し、②社会的・経済的変化をもたらす手段として身近な環境改善に取り組み、③個人や組織が持続的な発展のために

グラウンドワークのロゴマークとその変化

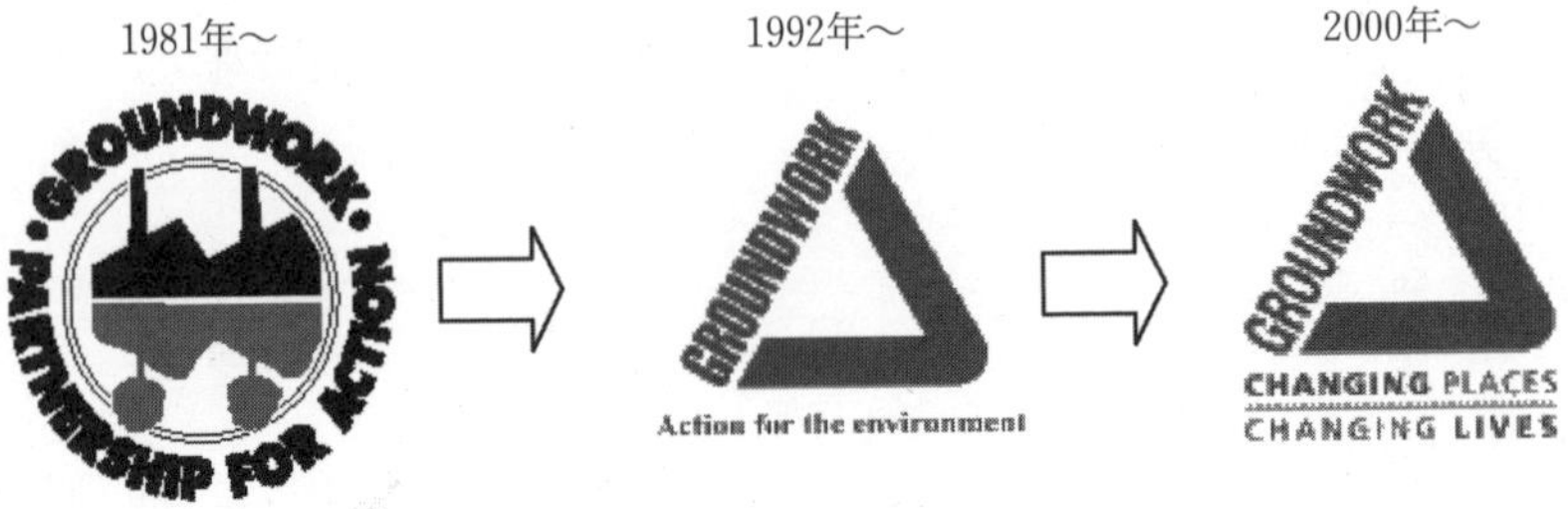

貢献することのできる、パートナーシップ型のプロジェクトを展開している。

グラウンドワークの取り組む事業は幅広く、「物理的な環境の改善」「教育及びコミュニティの参加」「経済と環境の統合」をキーテーマとして掲げ、身近な環境改善活動を基本に据えながら、教育、福祉、失業問題、青少年問題、企業の社会貢献等、地域社会を取り巻く課題に総合的に取り組むことを特色としている。現在では、事業分野を「コミュニティ」「土地資源」「雇用」「教育」「企業」「若者」の六つに分類し、多様な活動に取り組んでいる。

グラウンドワークにおけるパートナーシップの形成は、パートナーシップ事業体であるグラウンドワーク・トラストが、市民・NPO、企業、行政の中間支援組織（インターミディアリー）として、それぞれのセクターの役割をうまく引き出し、地域全体の力を向上させていくことによって実現される。

このパートナーシップの形成には大きくは二つの特徴がある。第一は、トラストがコーディネイトする具体的な環境改善事業の実践時におけるものである。グラウンドワークの取り組む事業は住民・NPO・企業・行政の具体的な参加と協働によって進められ、各セクター間のパートナーシップを形成する。参加・協働の方法は、国や自治体からの財政的支援をはじめ、地域の企業からの資金や資材の提供、住民のボランティア参加、他のNPOとの連携など、多様な資源を全国レベルから地域レベルにかけて多元的に組み合わせて実行される。第二に、トラスト組織自体の運営面あるいはプロジェクト実践時の意思決定におけるものである。トラストは、理事会と専門スタッフにより構成されるが、この特徴は、理事会が地域の代表者（地元NPO代表、コミュニティ代表、地域企業代表、議員代表等）から構成されていることにある。トラストでは、グラウンドワークの目的達成のため、異なった立場の理事の各々が持つ知識や技術、ネットワークを提供しながら、同じテーブルについて意思決定を行い、それを専門スタッフが現場に入って実践する体制となっている。特に理事の資質で重要なのが、企業代表者の持つ経営感覚とされており、機動性や創造性、持続的な活動を可能とする経営ノウハウをトラストに吹き込むことになる。このように、トラストは、地域を構成するセクターの共同事業体としての性格を備えている。

グラウンドワーク組織は、各地域で活動するグラウンドワーク・トラストとそれらの活動を支援する全国連合組織であるグラウンドワークUKによって構成され、各層において、これらを支援する体制が行政、市民、企業等に築き上げられている。

トラストの活動規模を主要指標でみると、次のとおりである（二〇〇二年度）。

・総プロジェクト数：約四五〇〇件
・地域改善に参加したボランティアの延べ日数：約三三万五〇〇〇人日
・実施した職業訓練の延べ日数：約五万七〇〇〇週、これによる雇用創出数：約二五〇〇人
・参加企業数：約五五〇〇社、参加学校数：約三七〇〇校
・地域のボランティアが長期的に管理することになった事業数：約一五〇〇件

グラウンドワークでは、その活動成果を、毎年定量的に把握することとしている。またこれらの評価軸に加え、定性的な変化も加味した新しい評価軸を設けることを外部機関に委託するなどして開発中である。新たに加えられた評価の視点は、例えば、「プロジェクト完了後、コミュニティが安全になったと感じる人が三〇%増加した」「プロジェクトに参加した人は、平均して一人当たり五人の友人をつくった」であるとか、「グラウンドワークの学校での活動を通して、子供たちの環境についての理解度と関心度のレベルが二六%増加した」などが挙げられる。

グラウンドワーク全体の収入をみると（二〇〇二年度）、全体で約九五〇〇万ポンド（約一九〇億円）の収入で、一トラスト当たり平均で約二〇〇万ポンド（約四億円）の規模である。また、ここ数年、年々増加の傾向にある。収入構造をみると全体の中で最も多い比率の約四割を占めるのが地域再生関連の政府からの補

グラウンドワークの全体モデル

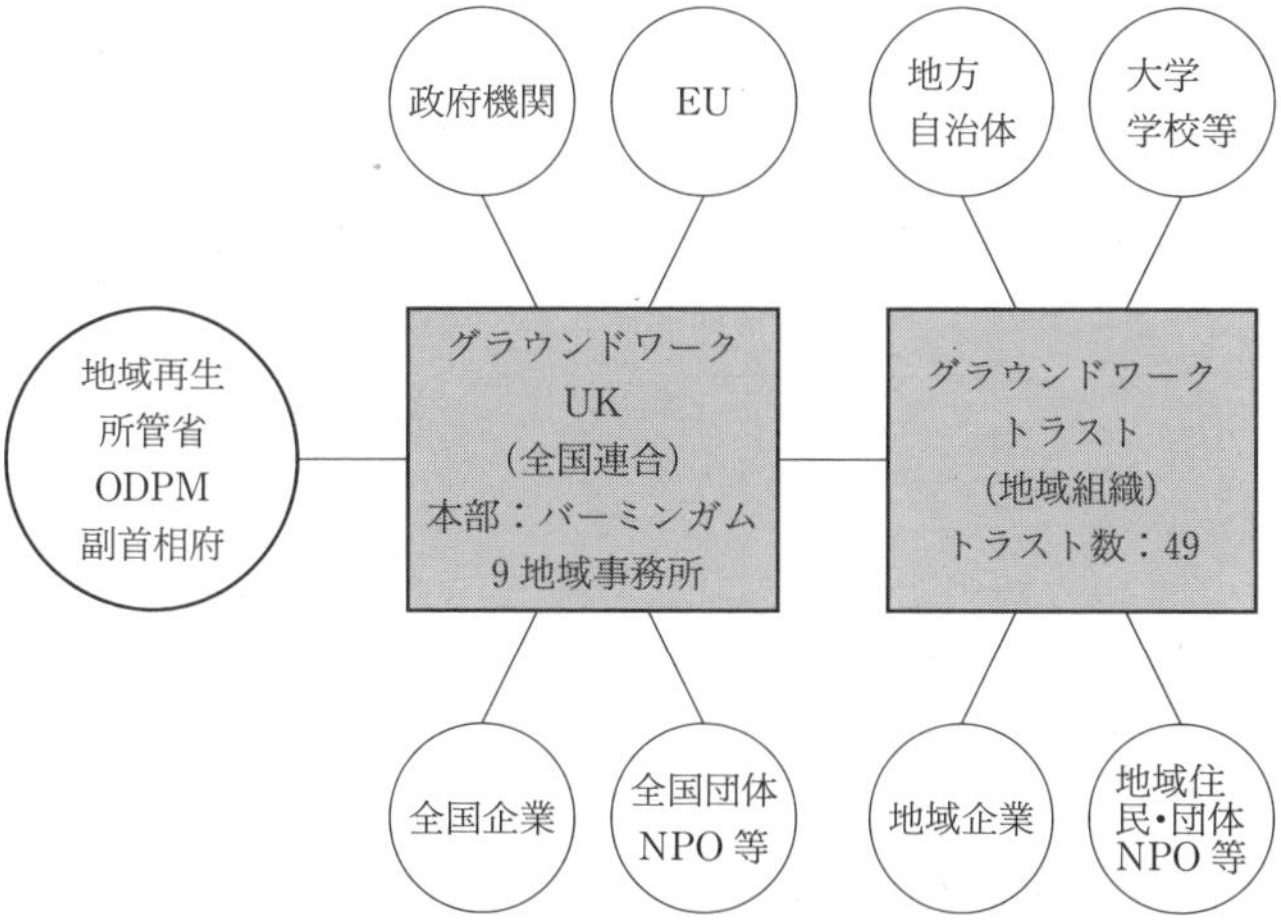

グラウンドワーク・トラストの分布

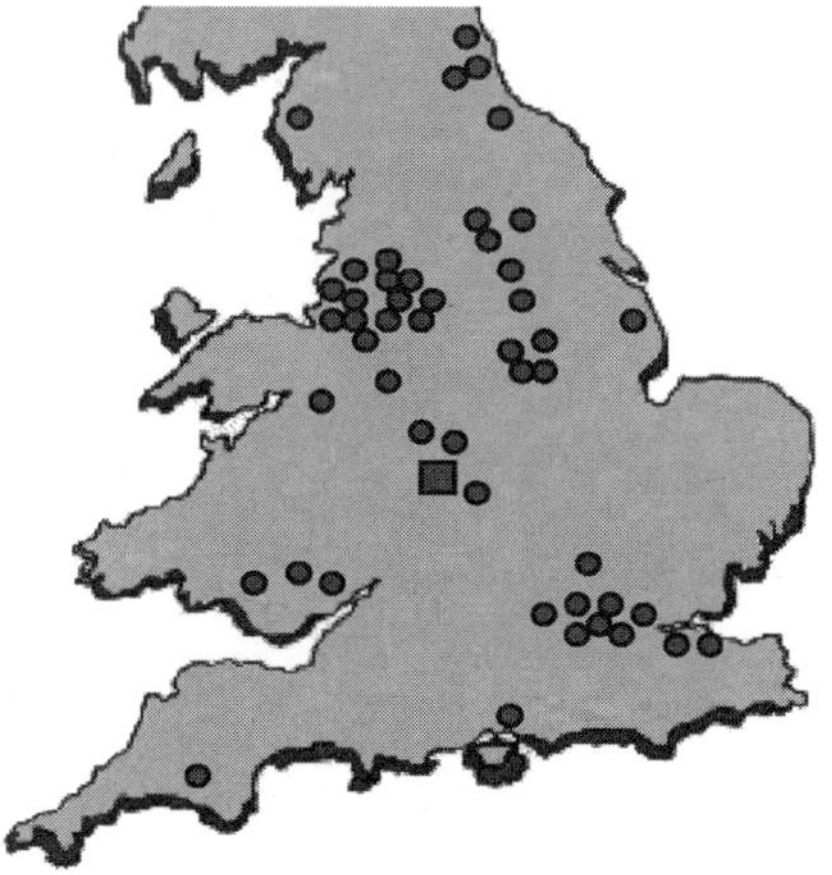

出典：Groundwork UK 資料

助金であり、これらの多くはパートナーシップに対して出される資金である。また、支出の側をみると（二〇〇二年度）、全体で約九四〇〇万ポンドの支出で、事業項目別にみると、全体で「物理的環境の改善」が約四割、「教育及びコミュニティの参加」が三割強を占める。また、近年の推移をみると、「教育及びコミュニティの参加」の割合が増加の傾向にあり、グラウンドワークの取り組む事業の性格が社会性の強いものへとシフトしてきている様子がうかがえる。

1.3 グラウンドワークの魅力

グラウンドワークが日本に紹介された際、そのコンセプトは、街づくりや環境問題に携わる人々にとって非常に魅力的に感じられた。そこには、多くの人々を引きつける要素がうまく散りばめられており、街づくりのアイデアのパッケージとなっていた。当時のことを思い返し、それぞれどんなインパクトのある要素があったのか振り返ってみる。

●パートナーシップと中間支援NPOの存在

多くの人々を引きつけたコンセプトの筆頭が「行動のためのパートナーシップ」というスローガンであろう。パートナーシップという言葉自体はわが国の街づくりの分野ではすでに新鮮な響きはなかったが、それを実現する具体的なメカニズムをグラウンドワークが備えていた。つまり、グラウンドワーク・トラストという中間支援ＮＰＯであり、またそれらの全国ネットワークの形成である。そこに多くの人の関心が寄せられたように思う。

また、特定非営利活動促進法（NPO法）が検討され始めていた当時、英国のボランタリー組織の活動とそれを支える法的・事業的制度は大いに参考にされていたが、ユニークな仕組みを備えたグラウンドワークへの注目は特に高かった。

●アクション

次に「議論よりアクション」という考え方である。当時紹介された英国グラウンドワークの活動のイメージ写真にもあったように、地域の住民が丸太を抱えたり、スコップを持ったり、グラウンドワークは身近な環境での実践的な活動を真骨頂とする。そのことは、グラウンドワーク三島の「右手にスコップ、左手に缶ビール」や「住民アクション――住民自らが知恵を出し、体を動かし、汗を流そう」というスローガンにも現れている。コミュニティの崩壊していた地域の住民が最終的には協力・参加して環境創造活動（アクション）を実施し、手づくり公園を作るなど具体的な見える成果を出す。地域の皆で作ったものだから管理運営も地域コミュニティの自主的な管理体制が生まれる。これらの一連のプロセスに多くの共感が得られた。

●住民参加とそれを支える仕組み

地域課題の解決に向けてコミュニティの中に専門スタッフが入り込み、ワークショップなどを積み重ね、時間をかけて地域の意見とやる気を引き出し、合意形成を図る。この手法は何もグラウンドワークの専売特許ではない。わが国においても住民参加による街づくりの必要性は高く、さらには、その分野に必要とされる技能を身につけて住民参加の街づくりの専門組織で働きたいとする人材は多い。しかしながら、現実的にはコストが見合わないためか、このボトムアップ・アプローチを民間の組織で専門的・持続的に取り組むことは困難である。一方、それをグラウンドワークは実現し、「コミュニティ・リンク・オフィサー」と呼ばれる、地域に入り込んで住民のアイデアややる気を引き出す専門の職制が確立されている。また、それらスタッフは若い人が多く、特に女性スタッフが活き活きとトラストという職場で活動している。住民参加の街づくりを支える仕組みが社会的に成立しているのである。その点がわが国の街づくり関係者には何とも羨ましい側面であった。

●企業参加

今でこそCSR（企業の社会的責任）などの用語が紙面をにぎわし、地域社会に対して企業が具体的な貢献をすることが求められ、それが評価される時代となっているが、グラウンドワークが紹介された一九九〇年代当初は、そのような意識はわが国ではそれほど浸透していなかった。もちろん、メセナやフィランソロピーといった概念で主に芸術分野での企業の社会参加はあったし、街づくりの分野でもいわゆる「民活」や米国の「ＰＰＰ」のように、民間の活力を活用して社会資本を整備することは取り組まれていた。しかし、企業と市民・ＮＰＯ、行政という三つの部門が対等な協働関係を構築するというグラウンドワークの三角形のモデルや、企業が参加する対象が身近な環境やコミュニティであること、支援する対象が資金・人材・資材など多様であること、地域企業と全国企業による多元的な支援の仕組みなど、企業が地域社会に積極的に参加している様子が非常に新鮮であった。この企業の参加こそグラウンドワークの一番の特徴であるととらえている方が今でも多い。

2 グラウンドワーク三島の運営手法

2.1 共通の理念や目標を構築

組織運営の第一のステップは、明確な「理念・目標・使命・夢」の構築である。

他人から「あなたは何のためにボランティア活動に頑張っているのですか」「誰のために社会貢献活動を一生懸命に取り組んでいるのですか」「何を目標にボランティア活動を家族に負担を掛けてまで苦労してやっているのですか」と質問された時に、何と答えるのだろうか。グラウンドワーク三島の場合は、たぶん、参加している二一の市民団体の関係者のほとんどが、「富士山からの湧水が減少し環境悪化が進行した『水の都・三島』の水辺自然環境を再生、復活するためだ」と明確に答えると思う。

その理由としては、長く続いた湧水減少の状態と川の環境悪化の進行に、このままでは「水の都・三島」が駄目になってしまうとの危機意識と切迫感を市民が等しく感じていることに関連している。この問題意識の共通性が、問題解決の必要性と期待感に対する市民意識と連動し、川の再生が市民共有の活動目標に位置づけられたのだと思う。

しかし、三島以外で、多種多彩な問題が内在し、様々な階層の市民が混在する地域では、関係者が共有できる共通の理念や目標を持つことは大変難しいことだと考えている。逆に考えるなら、そうした地域では共に行動・実践することにより「共有意識」が構築され、新たな理念や目標がつくられていく可能性が秘められているともいえる。

まさに、仲介役的NPOは市民活動のオピニオンリーダーとして、各地域における「共有意識」の育成と「この指とまれ」の目標となる地域の宝物捜しの「仕掛人・脚本家」の役割を背負わなくてはならない。多くの関係者が賛同し、等しく動き出せる街の基軸となり得る「ネタ」「課題」を探し出し、その問題の対応方法や解決へのシナリオなどを地域住民に提案していき、問題意識を誘発・先導していく重要な役割を担っている。

組織の理念や目標をより明確に関係者に理解してもらうためには、「将来に向けてこの地域をどのように変えていくのか」「市民・NPO・行政・企業は具体的に何をなすべきなのか」などを明記した、「戦略プラン」の提言やその実行書ともいえる「アクションプラン」「ロードマップ」の作成が不可欠である。総論的な議論と検討よりも、将来像をイメージした実現への概略的なシナリオがあれば、議論はより活発化・具体化するし、活動指針の明確化が図られる。グラウンドワーク三島の場合は、提言書の内容が一四年の歳月を経て、六〇%くらい実現している。活動が迷走しないで、スタッフのモチベーションも低下・劣化しないで活動が継続できたのは、まさにこの提言書、戦略プランの存在が大きいと考えている。確固たる方針書の存在が、確固たる活動の持続性を担保することを実証している。

NPO活動は、企業経営と同じだ。組織のマネジメント能力が、具体的な活動の真価とともに、NPOを持続・発展させていくための必要最低限の要素となる。地域経済の実態や過去の活動の成否、人的なネットワーク、政治的バランス、資金調達の可能性、ビジネスモデルの構築など、幅広い視点から地域の生きた現場情報を収集・整理・分析・評価して、総合的な見地から、地域特性を踏まえた理念や目標の設定を行う必要がある。

この多様な情報収集と高度な分析力・応用力は、グラウンドワーク三島の得意技だ。NPOの持続的な活動は、個人の自由意思に支えられたボランティア活動とは違い、新しい仕組みを創り出す「社会的な使命を果たすこと」だ。

すなわち、活動の成果や社会的効果が地域社会や市民意識の変革を誘導し、長期的なスパンにおいて「社会システムの改革」を先導することを目指している。ゴミ拾いや森づくりなどの活動に主眼を置くことも重要ではあるが、課題を抱えた現行社会の仕組みを抜本的に改革することを目的としているのだ。三島の場合も、源兵衛川での地道なゴミ拾いが、川の環境再生につながり、ゴミを捨てない地域住民の「モラルの教育」と「心の変革」を誘導した。

また、わかりやすい指標としては、「水餓鬼《みずガキ》指数」の増加だ。とにかく、子供たちが川に戻って来て、川がにぎやかだ。昔おじいちゃんやおばあちゃんが遊んだ川で子供たちが歓声を上げて遊んでいるのだ。自然とふれ合った子供は、心の優しい穏やかな性格となり、集中力も上がり勉強にも真剣に取り組めるという。実践がもたらす効果は絶大だ。

2.2 実践の継続と成果の蓄積

第二のステップは、具体的な環境改善活動の地域単位・町内会単位での実践活動である。グラウンドワーク三島の活動現場のほとんどは、ある課題を抱えた町内会や団地、学校区であり、わかりやすさが信条だ。また活動現場は、地域の人が誰でも知っている場所だし、そこで起きている問題も、地域の共通問題として理解される場所だ。身近な生活現場で発生している問題を取り上げ、その課題解決のプロセスに多くの地域住民や利害者に参加してもらい、実践活動を通して段階的に解決への方向に誘導していくことを主眼としている。

すなわち、ある程度で議論は打ち切り、とにかく実践の段階にことを進めるのだ。そして、どんな小さな成果でもよいから形として残すことを目標としている。「右手にスコップ・左手に缶ビール」「論より実践」「議論よりアクション」「走りながら物を考える」がグラウンドワーク三島の活動の基本的な考え方、規範である。

問題解決のプロセスにおいて試行錯誤や検討・調整の時間は大変重要であり、その仕込みの時間からより多くの知恵やアイデアを吸収することになり、そこから生み出される成果は多様性を含むこととなる。地域での地道な実践と小さな成果の持続的・発展的な蓄積が、地域住民の信頼と説得力を生み、参加した市民や企業は、街づくり、環境改善活動に対する自信と誇りを取り戻し、次なる地域課題に挑戦していく原動力・推進役となる。このプロセスの中から、消極的で依存主義の市民に、街や町内に対する愛着とこだわりの気持ちが醸成されてく。

まさに、グラウンドワーク活動は、依存や甘えの体質に染まってしまった市民に、自分たちで考え、実践し、成果を残すことがいかに楽しくやりがいのあることかを理解してもらい、自立的・自発的な市民に成長してもらうための「大人の自立への学習のプログラム」だといえる。

英国では、具体的な環境改善活動の分野には多種多彩なメニュー（活動分野）がそろっている。グラウンドワークを推進するための仲介役的な役割を担う組織として「英国グラウンドワーク事業団」があるが、ここでの年間プロジェクト数は四〇〇〇〜五〇〇〇もあり、参加者は八万人以上にも上る。何のためにそんなにたくさんのプロジェクトが用意されるのかというと、できるだけ多くの人々に参加してもらい、パートナーシップの力や市民の実践力の偉大さを実感してもらい、市民の自立を促すことをねらっているのだ。

結果的には、これが「行政費の節約」につながり、「小さな政府」を構築していくための前提条件ともなっている。具体的な行政サービスを自らがこなすことばかりが行政の仕事ではなく、市民の自立を促し、パートナーとして共に市民サービスの提供者になれるように側面的・間接的にサポートすることも行政の重要な仕事になっている。日本では、NPOと行政の協働の必要性が叫ばれ、どうもNPOが行政の補完的な役割を担うことが主に評価されてきたが、これからは、行政や企業では対応できない、新たな社会的サービスの提供者としてNPOが活躍することが、より豊かな地域社会を創っていくための「新たなセーフティネット」として期待されている。

グラウンドワーク三島でも荒れ地化した土地のミニ公園化、湧水地の再生、絶滅した水生植物の復活、学校ビオトープの建設、ホタルの学校の開校、鎮守の森の再生、お祭りの復活、水辺ゴミ拾いツアーの企画、災害ボランティアの派遣、ホームページでの情報発信等、その活動は教育・街づくり、環境、防災等様々な分野に及んでいる。環境改善活動に関心や興味がある様々な階層の市民意識に適応した、参加を誘導するための道具・材料といえる。

しかも、問題の解決へのアプローチは、斬新で戦略的である。様々な問題が地域から投げ掛けられた場合、硬直化し柔軟性に欠ける行政の手法とは違い、NPOの特性を活かし、柔軟性にあふれた臨機応変な対応ができる仕組みと組織体制・人的配置をもっている。

行政が地域課題に直接的に関わるのではなく、仲介役、調整役、仕掛け役となるグラウンドワーク三島が地域住民や企業の問題意識と主体性を誘導して、地域総参加の問題解決の体制づくりに努力するのだ。環境問題を解決するための様々な「活動メニュー」を用意しており、地域住民が主体的にスコップを持って、実践的な環境改善活動に活躍できるように、多様な専門性と人的なネットワークを駆使して実現への環境づくりを進めていくのだ。

これは、各環境改善活動を通して、そこに参加した市民・行政・企業の一体性を育成し、新しい「社会・地域システム」を構築するための一種の意識変革のための「街づくり戦略」ともいえる。「誰がその事業計画を企画・立案し、誰がその戦略・戦術を練り、誰が詳細な行動計画（アクションプラン）を組み立てるのか、その核になる組織は何なのか」といった仕掛けをコーディネートしていくための「総合的なマネジメント能力」が必要とされる。

すなわち、街づくりや環境づくりは決して単年度の期限付きの活動や予算では成就できないもので、洗練された戦術・戦略の構築と数年先を予測する先見性が求められる。今、仲介役的ＮＰＯには、この「地域経営のマネジメントの能力」が最も必要とされている。

地域課題は、一朝一夕には変革できない。グラウンドワーク活動が「街づくり、環境づくりの漢方薬」と表現されるように、一歩一歩の地道な実践と成果の蓄積が、最終的には課題解決のための最も効率的で的確な手法となるのだ。グラウンドワーク三島が今までに実践してきた、また実践しているプロジェクトは、三四事業になる。ここまで到達するには一四年間の歳月を要している。確かに、様々な困難と試行錯誤を蓄積してきた。戦略プランの最終的な実現のためには少なくともあと一五年、活動開始からは約三〇年の歳月が必要とされる。この膨大な時間軸の蓄積が、結果的には「大きな社会変革」をもたらすと考えている。

また、私たちは三島だけがよくなればよいとは決して考えていない。今でも一年間に二〇〇〇人近い視察者が全国各地より三島を訪れている。その中から、それぞれの地域特性に見合った先進的な市民活動が生まれ、何らかの社会変革のきっかけづくりとなっていただければと期待している。高知の下級武士であった坂本龍馬が明治維新の壮大な社会変革のうねりを誘発したように、三島での先験的な市民運動への挑戦が、日本での新たな市民社会のシステムを創造するための起爆剤や実証実験のモデル地区になれればと考えている。そのためにも、実践と成果の蓄積こそが「力の源」である。

2.3 保護から環境マネジメントの視点へ

第三のステップは、保護から環境マネジメントの視点への考え方の切り替えだ。

英国にもナショナルトラストという環境保護を重点とした運動が約一〇〇年も前からあった。しかし、環境は単純に保護し囲い込んだだけでは守れない。自然環境の中に人間自身が入っていって、自然と共生・協調していくという考え方がないと、真の自然環境の維持、保全はあり得ない。

人々が山村から離れたことで山河は荒れた。今、必要とされているのは、貴重な環境を保護する、囲い込むという単純な保護運動の手法ではなくて、積極的に自然や現場に人間が関わっていく、行動力と実践力である。スコップ、鋸、鎌などを持って作業現場に入り込み、問題をひとつずつ解決していく。活動を楽しみながら、成果を着実に残し、創造的で発展的な環境保全活動を実践していくことが重要である。

議論、研修、情報収集、提案・提言書の策定、陳情書の作成など、総論や文章作成の活動では、具体的に地域では何も改善されない。グラウンドワーク三島は、課題を抱えている現場（地域、町内会）に躊躇なく果敢に飛び出し、課題と真摯に向き合い、解決のための実践を進め、困難を克服しながら、汗臭き市民組織を目指し活動している。

英国では、最近「芝生から野草へ」の考え方が普及している。管理された芝生は一見美しく見えるが、現実的には、農薬を散布し、管理に手間と経費を要する。それよりも、地域特有の野草を育苗し、植え、管理は無農薬で自然の成長に任せるとともに、公園をより広く市民に開放し、市民との協働体制を整備するほうが、公園の応援団が増え、愛着のある自分たちの公園に変わる。管理者は公園の維持管理のことばかりを優先的に考えるのではなくて、ビジネスの要素も含めた、より広範な見地・視点からの公園の管理運営を考えていくのだ。

このような環境マネジメントの運営手法の導入は、「経費が軽減され、市民に喜ばれ、自然度が高まる」などいいことづくめだ。しかし現実的には、円滑に運営していくための「総合的・全体的な能力」と、かなり先を読み込んだ「戦術・戦略の立案能力」が必要とされる。

三島の場合も、活動のスタート時に「潤いのある街から、うるおいのある街へ」という目標を創った。まさにこの言葉の中には環境マネジメントの視点が含まれており、「川が再生し、水辺の自然環境が美しくなれば、人々が水辺に集い、観光客も増え、商店街の売り上げに寄与し儲かる」との考え方なのだ。その目標達成のためには、環境保全や基盤整備などの「環境的・ハード的な視点」とともに、観光振興・街づくりなどの「経済的・ソフト的な視点」との融合が必要だと考えた。約一五年の歳月を経て、源兵衛川から「街中がせせらぎ事業」への変遷を見てみると、環境マネジメントの視点が見事に成功していると思う。今、この多様な視点と仕掛けの多彩性が、街づくりの奥深さと落ち着きを醸し出している。

2.4 短・中・長期の活動プランの策定

第四のステップは、短・中・長期の活動プランの設定である。グラウンドワーク三島では行動計画を策定する時に、一年目で何をする、三年目でどこまでやる、五年目でここまで解決する、一〇年後はこうなるという、「短期・中期・長期の活動プラン（組織体制、人的配置、資金確保、年度計画、課題調整等を明示）」を策定している。その場しのぎの思いつきや一時のイベント的な仕掛けでは事業を進めていない。階段を一歩一歩登るように、スタッフ会議での協議を経て、時間をかけて丁寧に各種事業をこなしている。

活動の中に高齢者や障害者、女性や子供たちなど幅広い階層を取り込み、「バイキング方式」の街づくり、環境改善活動を展開している。何もかもが巧みに仕組まれ、自分たちで地域の将来やあり方を考え、変革していく意識を培っていくようにしている。市民・NPO・行政・企業が一丸となって、仲間として認識し合い、よい面を出し合って、互いが強くなり向上し合う、「共存共栄」の関係を創っている。グラウンドワーク三島には、明確な活動プランを踏まえた上で、パートナーシップ形成の「仕掛け屋集団」の役割が課せられている。

小さな課題も解決できないのに、街全域を変えるとか、日本の社会システムを変革するなどという大きなことはできない。小さな成果と実績の積み重ねが、地域住民の信頼を生み、関わったスタッフの自信と信頼につながり、地域のなかでのパートナーシップの有益性と実効性が実証されていく。さらなる具体的な環境改善活動への取り組みにより、活動の質と多様性が高まり、関わり合いのあるNPO同士の連携と信頼の輪は深まる。

三島では、グラウンドワーク活動の小さな「点」(三島梅花藻の里など三四の環境改善実践地区)が拡大し、川という「線」(源兵衛川の再生)で連結し、街づくりの「面」(街中がせせらぎ事業)へと広がりをみせている。

私たちの活動プランは、年度ごとに見直し、優先順位の修正も行っている。また、活動実績の地域において「グラウンドワーク活動の評価」も行い、スタッフ会議においてその問題点を分析・検討している。特に完成地区については、数年後に再度関係者への情報提供のための勉強会を開催したり、老朽化施設のフォローアップ・更新作業を実施することによって、無関心層拡大の防止と各プロジェクトの担当スタッフのモチベーションの維持を図っている。

2.5 パートナーシップの形成

第五のステップは、市民・NPO・行政・企業が有機的に連携・協働していくための実効性のあるパートナーシップ形成の仕組みづくりの手法をどのように構築していくかである。パートナーシップの構築と簡単に表現するが、現実的には地域に入って具体的な課題解決に取り組もうとすると、このパートナーシップの形成のプロセスに一番時間を要し、困難性を伴う。四者の利害や立場が優先され、相手の立場を尊重し合う、前向きな対応が難しくなるのだ。

「市民」は、行政への依存性の考え方が染み込んでおり、地域の課題解決に対しても、他人ごとの姿勢で文句や注文ばかりが優先する。「NPO」は、個々の市民組織の活動に一生懸命となり、他の利害者と連携して何かに取り組む余裕もなく、その必要性も余り感じていない。「行政」は、縦割りの中央集権化した組織に頼り、自分たちの責任領域からは一歩も外に踏み出さず、組織間の横の連携の仕組みがないことから、組織の責任ある回答を得るのに時間を要し、たらい回しが起こる。「企業」は、利益がすべてに優先することから、地域貢献への問題意識が希薄化しており、利益の社会還元の責務には無頓着だ。

このように、社会や地域の構成員である四者が、おのおのに身勝手な体質と特性を内在していることから、連携の意識が希薄なのだ。そのために、お互いに共通の課題を抱えていたとしても、相互に協力して解決する方法や体制整備を検討しようと意識も必要性も感じていない。このバラバラで身勝手な四者をグラウンドワーク三島はどのようにして調整・仲介しているのであろうか。

仲介役には、特に「忍耐力」が必要とされ、地域の黒幕・リーダーは誰なのかなどについての高度な地域情報の「収集力」や、真綿で首を締めるような暗黙の「影響力と説得力」も必要とされる。また、政治的な

「中立性」や人間的な「信頼性」と「魅力」も求められる。さらに、人間としての総合的な資質と能力といえる、「総合力・全体力」や物事に動じない「信念」、カリスマ的な要素をもった魅力的な「人間力」も大切な条件となる。

このような多彩な人間力は、一人の人間では持ち切れず対応できない。グラウンドワーク三島では多くの経歴と専門性を蓄積した「スタッフ集団」の存在が、臨機応変な処理と柔軟性に富んだ活動の源泉となっている。パートナーシップとは、「組織間の連携」であるとともに、多種多様な「人間どうしの連携」でもあるのだ。街づくりや環境改善に信念と夢をもつ、情熱的で行動的な地域リーダーをいかにたくさん集められるかが、ＮＰＯ組織の「潜在力」と「強靱性」を左右する。

課題解決の中で、グラウンドワーク三島の具体的な仕事は、地域の様々な意見を上手に調整して、時間をかけて、利害者の合意形成を進め、多くの人々が理解し合える中庸の意見にまとめていく。まずは町内会の代表者たちの理解を得ることが最重要となり、そのためには、多種多様な最新の地域情報を収集して、整理・分析・評価することから始め、解決への処方箋を見出していく。代表者との多くの議論と検討を重ねた上で、代表者の理解と協力体制を整え、地域住民に対しての説明に入るのだ。

その後は、時間をかけた利害者間の合意形成のプロセスに取り組み、町内でのその他の関係団体への協力要請や具体的な環境改善計画を立案するためのワークショップなどへの参加を呼び掛ける。また、町内にある地域企業（造園・土木・水道・電気など）に対しても、資材・機材・技術的支援・人的支援、場所の提供などの具体的な形での協力依頼を行い、参加者の拡大を推進していく。

その後、行政へのアプローチを行い、法律的な処理、水道敷設の工事費や水道代の負担、土地所有者との協定の保証人など、行政として対応できる問題に対しての処理事項を依頼していく。当初は、役所の縦割りに振り回され、廊下トンビやたらい回しを経験したが、現在では市にグラウンドワーク担当課ができたことから、担当課が一元的に行政に関わる諸問題を処理してくれており、行政内部での横断的な仕組みが整い、効率性が増した。

とにかく、利害者の得意技や利点を最大限に出し合える信頼関係をつくり上げていくのがグラウンドワーク三島の仕事と役割になる。地味で目立たない裏方の仕事ではあるが、私たちの存在が街づくりや環境改善活動を成功に導くための「触媒・ポイント」といえる。

グラウンドワーク三島は、この「カッコ悪く、馬鹿らしい仕事」を我慢強く、堂々と自信をもって対応している。事業推進のプロセスの中での苦労と試行錯誤が、将来的な地域変革、意識変革のノウハウとして、組織とスタッフに蓄積され、より質の高い市民活動への布石や先行投資となっていくものと考えており、そんな意味合いでも、パートナーシップ形成のプロセスに対しては、真摯に取り組む姿勢が重要だと心している。

2.6 実践的な環境教育の場づくり

第六のステップは、次世代に何を残していくかであり、言い換えれば、どんな親の背中を子供に見せるかである。もし、川にゴミが落ちていたときに、どう行動するか。ほとんどの人がそのまま通り過ぎてしまうのではないだろうか。一歩踏み出し、拾う勇気がでない。他人事、人任せの行動により、街が川が汚れていくのだ。

この大人の行動や考え方を子供たちは鋭く見ている。グラウンドワーク三島は、とにかく現場に出て、汗を流し、行動し、地域を具体的に変えていくことを、ＮＰＯが果たすべき「社会的使命」だと考えている。

汗臭く、地道な行動が、活動者の背中に現れ、子供の感受性に訴える〝言葉以上のメッセージ〟を発信するのである。人間の生活が豊かになったといわれるこの約五〇年間で、自然は荒れ果て、川はゴミだらけ、子供の心は荒れてすさんでしまった。今、まさにこの罪をどう償うのか、その行動が厳しく試され、子供たちに厳しく監視されている。

グラウンドワーク三島では、様々な活動の中に、必ず親や子供たちを参加させている。グラウンドワーク活動の主眼は、次世代を担う子供を環境改善活動の中に取り込むための「参加のプログラム」といえる。

まずは、大人自身が環境改善活動に積極的に参加する行動力が求められている。その活動を通して子供たちを取り込み、実践と体験の中から、自然の楽しさや不思議さ、神秘性などを学ぶとともに、環境保全活動が担う役割の重要性と活動を継続していくことの苦労や大変さを学ばせていくのだ。

また、親が職場でどのように働いているかを知っている子供は少ない。親の一生懸命な姿や緊張感に満ちた顔つきを見た子供もほとんどいないと思う。つい、ふだんの緊張感のない親の姿が日常化し、親としての影響力やオーラを感じさせないのだ、いや感じさせる機会がないのだ。

そこで、大人が率先して地域や現場に飛び出していき、問題解決に子供たちとともに努力する経験を共有することが大切だと思う。例えば川のゴミ拾いや、スコップを持っての田んぼづくり、鎌を使った緑地の草刈りなど、課題解決へのプロセスを楽しみながら達成感と充実感を共有していく。汗を流し、他の人々と協力しての作業の中での親

清住緑地での学習会

の一生懸命な姿や意識が、次第に暗黙の説得力、影響力を子供たちに及ぼしていくのだと思う。子供を取り込んだ活動の仕掛けが重要ではあるが、こんな自然環境にしてしまった罪人でもある大人自身が変わらなければ、子供たちも変わりようがないといえる。

現在までのグラウンドワーク活動の中から派生した「環境教育的波及効果」の一端を紹介する。

一つは、若き人材育成への貢献だ。長伏小学校でのビオトープづくりに参加した少年が、その体験をきっかけとして生物の生態に興味を持ち始め、三島南高校入学後、サイエンス部の部長に就任して、学校内にビオトープづくりを始めた。約二年半の勉強と工事期間を経て、校内に地域の自然を凝縮したメダカの池を造成した。それを機会に猛然と勉強を開始し難関を突破して、静岡大学理学部に入学した。さらに今では、静岡大学客員教授を務める私とともに、静岡大学に隣接し、埋め立ての危機にある「池の谷池」の保存運動に奔走している。小学校時代の感動と体験から、自分の社会的な役割を見出し、着実に経験を蓄積している。自分の人生や生き方に迷っている子供や大人がたくさんいる時代に、環境体験が自分の人生航路を明確化させた事例だと思う。その影響力の大きさに驚く。

二つめは、川掃除が少年の精神構造に与えた影響だ。私たちはもう一五年近く、川の掃除を行ってきた。その中で、小学校四年生から参加してきた少年がいる。彼が高校二年生の時、夏の川掃除の後、休憩中に友達と会話している様子を見ていた。彼はアイスの袋とジュースの缶を潰してポケットに入れた。しかし、その友達は両方とも源兵衛川に何の躊躇もなく捨てた。すると彼は、ゴミを捨てるなら隣の川に行って捨てろと指示し、友達は隣の宮さんの川に捨てにいき、その後、何もなかったように会話が続いた。後で、彼にどうして友達に隣の川にゴミを捨てるように言ったのかと詰問した。源兵衛川へのゴミの投棄は、自分が大切に守ってきた川だから絶対に許せないし、これ以上かっこいいと後日いじめられるからそうしたとのことであった。単純なゴミ拾いへの参加が私たちの次の若き後継者を着実に育成し、いじめの恐怖にも耐えることのできる精神力の育成に役立っていることを知った。

このように、実感はないが、「たかが川掃除、されど川掃除」の効果は絶大である。環境改善活動の場づくりは大人でなくてはできない。美しくなった川と美しくしていく現場を子供たちに体験させる機会づくりへの参加を期待する。

2.7 組織基盤の強化

第七のステップは、組織基盤の強化である。活動や運動への取り組みは一生懸命になる。しかし、忙しいことにかまけて、持続的・発展的な活動を支えていくための組織基盤の強化については、取り組みが後回しになってしまうのが一般的な市民団体の現実的な姿である。

グラウンドワーク三島の場合も、平成一一年一〇月にNPO法人格を取得したが、このことに対しては多くのスタッフから反対を受けた。今まで任意団体としてやってきたが、その過程の中で、しっかりとした組織体制の整備も含め、意思決定のシステムや具体的な活動の評価などに大きな問題が発生していないのに、何故、書類的にも法律的にもある程度の制限と義務が伴う、法人格の取得を行う必要があるのかという疑問が出た。

確かに、支援のスタッフは一二〇人近くもいて、自分の商売を後回しにしてもグラウンドワーク三島の活動を優先して、担当の仕事をこなしてくれてきた。本会のファジーな規約と自由度が逆に参加意欲を促し、個々のスタッフの自己責任の醸成とモチベーションの維持を支えてきたのだ。まさに、問題や課題を抱えていないのに、あえて困難に取り組む理由が不明だとの意見だ。

このような中で、一年近くの法人化へのメリットとデメリットの検討を踏まえ、最終的には臨時総会において役員一任を取りつけた。どちらかというと、NPO法人の取得の方向で押し切ったといえる。こうした背景には、英国のグラウンドワーク事業団の社会的な役割や位置づけがある。事業団は多くの補助金を国やEUなどからもらっているものの、活動資金のベースは自主事業や受託事業、協賛事業など、日本的にいえば収益事業的なNPOビジネスから得る収益により支えられている。環境監査や公園計画の策定、小工事の受注、企業との協同イベントの企画などにより収益を上げ、収益から人件費などの固定費を差し引いた利益分を社会に還元する形で、さらに公益的・公共的な市民活動を展開しているのだ。

この資金循環のスタイルがグラウンドワーク活動の「グローバルスタンダード」だと考え、活動システムの踏襲も大切だが、経済的・財政的な組織基盤の形成システムも三島としては確立せねばならない方向性だと考えた。この問題意識が、法人格取得の基本的な考え方となり、新たな組織基盤の強化と仕組みづくりに着手した。

3　パートナーシップ形成へのプロセス

グラウンドワーク三島がパートナーシップを形成するために、以下の「三つの原則」に段階的に取り組んでいる。

3.1　下から上へ

●ボトムアップ・アプローチ

活動のスタートは「地域や町内」からであり、ターゲットは「住民一人ひとり」だということだ。とにかく、「川が汚れていること」「空き地にゴミが放置されること」「歴史的な建物を大切にしないこと」「地域の治安が悪いこと」「青少年の犯罪が多いこと」などは、地域住民の行為により引き起こされている事象が多い。人々の心が病み、道徳心が欠如し、地域の環境や安全に無関心な住民が増えたことにより、様々な問題が発生しているのだ。

グラウンドワーク活動の原点は、地域に起こる身近な課題を解決していくことであることから、このような小さな社会問題を一つひとつ真摯に取り上げ、その社会的・構造的な背景を総合的に調べ、解決に向けた処方箋を見出し、住民との話し合いを踏まえ、行政や企業を取り込んでのパートナーシップの体制づくりを行い、具体的な実践活動を通して解決の方向に誘導していくことだ。

この「下から上へ」のボトムアップ・アプローチの効果により、次第に地域住民の心が前向きになり、住民自らが地域の課題に取り組もうとする主体性と創造性が生まれてくる。住民の目線と感性に立った「現場主義の姿勢」がグラウンドワークの「強みと特性」でもある。

源兵衛川の再生プロジェクトの場合も、基本計画・基本構想の策定の段階において住民と真摯に向かい合い、膨大な時間と神経を使った。さらに、住民一人ひとりの意見を丹念に拾い上げ、具体的な計画の中に反映させるために、川周辺の一三町内会においての説明会の開催や、ゴミ拾い、自然観察会や自然環境の勉強会の開催など、三年の間に一〇〇回以上もの話し合いを重ねた。このアプローチが住民の愛着心と自立性・自律性を醸成し、川を自らが守り育てていこうとする主体性の育成に連動していった。

遠回りのようではあるが、地域や町内からの物事の始まりはもともと「主権在民」の民主主義の原則論の中で当然のことであり、行政の上からのアプローチとは違う、NPOとしての特異性・優位性の一つである。この原則論を大切にできないNPOは、そのスタートから間違いが始まっていると考えてよい。

●パートナーシップ・アプローチ

次の段階は、関係利害者同士の一体化の構築である。利害者がバラバラにそれぞれに意見や要望を主張していても、問題はなかなか解決しない。「相互の長所を出し合い、ある意味で短所も出し合い、相手の立場と役割を認め合える有機的な関係をどう創れるか」が、地域課題の解決への重要な次の取り組みとなる。当然、バラバラに活動するよりも、利害者となる皆の力や得意技を出し合える円満な関わり合いが構築できれば、重層的に絡み合い複雑化した環境問題や教育問題などに対して効率的・迅速に対処できることになる。

相互の人的資源や資金の融通、専門性の供与、情報の共有化など、「数と多様性の力」をベースにしたパートナーシップの有益性と有効性を認識することができるわけだ。今までバラバラだった人々が一つになり、共有の目標に向かって動き出す。相互に欠けている部分は補完し合い、問題解決に立ち向かう。当然、相互の利害がぶつかり、激しい議論はあるが、調整役の存在により、前向きな議論によって解決方策は共有され、現場の質と愛着の気持ちが高まる。そして、協働の実践行為により、目に見える形で物事が解決していく。

この横断的な広がりが、パートナーシップ・アプローチの真価である。

●ホリスティック・アプローチ

次は、より広範な問題への取り組みである。確かに、皆の協力により、身近で日常的な課題は解決した。しかし地域には、防犯問題、介護医療福祉問題、環境問題、青少年の非行問題、不登校や引きこもりの問題、災害対策など、より複雑で深刻な課題が山積みだと思う。行政や政治の力だけでは解決できない、多様な要素を含んだ社会問題といえる。この複雑多岐にわたる問題に対して、包括的・総括的な機能を持って取り組もうとするのが、ホリスティック・アプローチである。

当然、問題が「蜘蛛《くも》の巣」のように複雑怪奇であるので、即効的で対症療法的な対策では問題の抜本的な解決にはならない。福祉医療、精神カウンセラー、教師、医者、専門家、学者、実践者など、多種多様な対応者を総動員して、その解決の糸口を探していくことになる。そのためには、グラウンドワーク組織が、多種多彩な人材と専門性を確保するとともに、異業種組織との連携システムなど、臨機応変に駆使できる柔軟性にあふれた組織になっていなければならない。

この多様性がグラウンドワークの真価であり、「売り」である。様々な問題が複雑化する将来において、ホリスティックな対応能力と機能の具備は、グラウンドワークの先進性を実証するものである。三島においては活動が拡大するに伴って、その活動に社会性を帯びるとともに、様々な経験と実績を蓄積することで、地域の難題に対しても容易に取り組めるホリスティック的な組織能力を身に付けてきたと思う。

以上、①総合的、②横断的、③複合的な活動による、多様にして戦略的・段階的なアプローチが、「持続可能な地域のコミュニティ」を確立していくことになる。

3.2 市民団体のネットワーク化

それぞれの市民団体は、独自の理念と行動指針に従い活動を続けている。しかし、どこの団体でも総じて、人・物・情報・資金・場所などに課題を抱えており、組織や活動の基盤が脆弱だ。特に、特定の個人に仕事が集中し、精神的・時間的・金銭的な負担がかかり、人材不足も大きな問題となっている。また、環境問題や教育問題など、ひとつの団体の対応能力だけでは対処できない複雑な課題も山積みとなっており、市民団体がネットワーク化した新たな組織づくりへの期待が大きい。

グラウンドワーク三島の組織基盤の強さは、この市民団体のネットワーク化の強さといってよい。二一の市民団体が結集して、もうひとつの調整・仲介役的な市民組織をつくり出し、活動することで、そこから派生する潜在力と対応能力は無限である。地域で発生する課題がどんなに複雑であっても、組織の横断的な連携と情報・機能交換のシステムが円滑に機能すれば、難題も解決できる。縦割りで硬直化した行政や利潤優先の企業では、この自由度にあふれた臨機応変な対応は不可能だ。そこで、このような市民団体どうしの横断的な新たな組織と意思疎通の対応システムを構築しようとするのが、市民団体のネットワークの主要目的である。

それでは、大きい組織になればすべてが解決するのかというと、そんな簡単なことではない。そのネットワーク化した組織が何を成し遂げるために大同団結するのかという、「社会的使命の明確化」と「ネットワーク化のメリットとデメリットの明確化」が必要となる。だが、この組織化には現実的には多くの時間を要する。グラウンドワーク三島の場合でも、当初八つの市民団体がひとつになるまでに約一年間以上もの歳月がかかった。

グラウンドワーク活動は、「街づくり、環境づくりの漢方薬」といわれるように、物事をじっくりと議論して、総合的な見地から、様々な事態を想定して、新たな仕組みや体制をつくっていくものだが、そのプロセスには忍耐力や調整力が必要不可欠となる。

しかし、市民団体が一体化するメリットは絶大である。相互の活動情報の交換、人的交流、ノウハウの相互提供、人間・資金・信頼のネットワークの確立、行政への信頼性の確保、資金の支援など、「相互補完」「共存共栄」のメリットを参加者が実感できる「新たなネットワークシステム」が構築されるわけだ。

この地域での具体的な環境改善活動実現のためには、三年から五年にわたる年度別の「全体事業実施計画・アクションプラン」を策定することで、それぞれの組織の役割分担と行動目標が明確になるとともに、こうした策定作業での議論と実践の積み重ねが関係団体の共通意識の育成になっていき、「組織間の信頼の絆」が強化される。

3.3 仲介的な市民組織の形成

グラウンドワーク三島は、市民・NPO・行政・企業の中間に位置し、市民内発型の仲介役的な市民団体である。市民団体がかつてバラバラに活動してきた社会貢献活動などに対して、関係組織を一体化して、関係者どうしが対立の関係から協調・協働の関係に移行できるように調整する役割を担っている。

ある地域に問題が発生した場合、市民には「行政や企業への文句や批判ばかりではなく、市民主体の前向きな対応を考えてください」と説得し、行政には「市民がこんなことに困っているが、どうすれば行政の支援が受けられるのか」と関係機関を調整し、企業には「地域で市民が環境改善活動においてこんなことで困っているので、機材、資材の提供や資金、技術的、人的支援などを応援してくれないか」と依頼し、関係者が円満にパートナーシップが取れるように奔走する役割を担っている。

市民意識が高揚し、行政の力が衰退し、企業の社会参加が求められる将来、行政改革・地方分権・住民参加などを進めるために必要とされる、新たなる「社会・地域システム」といえる。このパートナーシップ構築のためには、その調整役・仲介役たり得る「緩衝体の存在」が重要であり、行政や市民との情報不足による対立関係の防止、ボランティア団体の機動性による的確な住民要望の吸収と敏速な対応、縦割り行政ゆえの硬直化した対応能力の補完的機能など、多面的な役割を担える「包括的市民組織」といえる。

いわゆるかゆい所に手が届き、関係者を上手に握手・仲良くさせることができるコーディネーター的な組織といえる。今までは、行政が資金・権限・情報などを占用し、やり過ぎといわざるを得ない行政サービスを市民に提供してきた。その結果、高度成長の時代を経て、今では住民の主体性と自己責任の意識が脆弱化してしまい、「行政依存、他人任せの意識」が蔓延してしまった。

そのことにより、行政の力が限界を迎えようとする今、グラウンドワーク組織は、依存と甘えの市民意識を「住民主体」「パートナーシップの考え」に変革させていくための推進母体であり、大人の主体性を育てていくための「学習プログラム」の提供者となるのだ。

3.4 市民へのアプローチ

グラウンドワーク三島は、活動現場が「地域や町内会」を単位にしている。地域という範囲を活動分野に設定し、そこに存在する問題を解決するための手法を見出していく、具体的な環境改善活動である。日本では昔から町内会や集落単位において「皆で助け合い、支え合い、思い合う」、絆による地域共同体のむら社会が存在していた。

高齢者や福祉の問題、子供の教育問題、心の問題、地域防災など、地域社会が抱えている諸問題を、町内や集落の中で独自のコミュニティで解決していた。地域には暗黙のルールがあり、これを的確にコントロールできる顔役的、仲介役的な人間が、三者を的確に調整して、相互のよい面を引き出し、融和を図っていた。

すなわちグラウンドワーク活動は、人間と人間、人間と自然がパートナーとしてうまく共生していた昔の地域コミュニティの仕組みやシステムをもう一度取り戻すための「地域共同体の再生活動」「パートナーシップの再生活動」といえ、昔から日本にあり、今も現存している地域協働による「道普請《みちぶしん》」と解釈できる。

行政に依存し、自立意識の低い他人任せの地域住民に対して、課題を投げかけ、問題解決のためのプロセスを地域総参加型で思考できる環境づくりを仕掛けるのだ。まずは、町内会の役員がその気になるよ

子供から大人まで参加

うに、あの手この手を使い、真綿で首を締めるように時間をかけて説得し、関心を高めていく。街づくりの勉強会や先進地の視察、意向調査、住民参加のイベントなど様々なアプローチにより、自分たちの地域の問題は自分たちで解決しなくてはと意識づけ、自立心を育てていく「学習のプログラム」といえる。この仕掛けの蓄積が次第に効果を及ぼし、気持ちの変化（自立への心の変化の臨界点）が、地道で多様なアプローチを経て、二年から三年後に現れる。

3.5 行政へのアプローチ

行政には、どのような方法で参画してもらったらよいのであろうか。例えば今回、行政に対して、新しい仲介役的なNPOを設立したから、何らかの支援を受けたいと要望したとしよう。すると行政は、たぶん「二つや三つの市民団体が参画した組織としても、やや公益性や公共性に乏しく、優先的・重点的に支援することはできない」と返事があると思う。その理由としては、もし特別に支援したら、「なぜ、あの団体だけが特別の支援を受けられるのか」と他の団体や市民からの文句がきて、平等・公平の原則に反するから難しいというのが一般的である。

グラウンドワーク三島が設立され、三島市への支援のお願いをする時は、より多くの多様な市民団体が今回初めてネットワーク化する点を強調して、行政からの補助金を受けた。数十の団体がひとつの団体に結集すれば、不特定多数という公益性と公共性が確保されたことになり、行政に対する信用力と発言力は増す。

三島の場合は、会ができる初期段階において(社)三島青年会議所が中心となって「まちづくりワークショップ」を企画したのが、組織を拡大していくためのひとつのきっかけになっている。その時に実践したのは、

「まちのあら探し」だ。放置された荒れ地やゴミ捨て場化し問題になっている土地を一〇〇か所探し出し、そこを、グラウンドワーク手法を活用することによってどのように環境改善できるのかをグループで議論して、具体的な改善策を立案し、実現のためのアクションプランを作成して、事業化に向けた年度別の優先順位を決めた。

その調査の中で、放置されて問題だらけの土地のほとんどが行政の遊休地であったことが判明した。そのことがきっかけとなり、権利調整が難しい私有地の環境改善活動よりも、公共用地を対象にした活動にターゲットを絞るほうが、NPOとしての公益性が強化されるし、行政の支援も受けやすいと判断した。これらの場所はほとんどが地域の厄介者扱いとなり、町内会もどう処理してよいのか困っていた。今まで、町内会長は行政に何回も陳情に行くものの、行政が処理するには土地が狭く、手間が掛かり過ぎ、手が出し難い場所であった。そこを、「行政に依存するのではなく、パートナーシップで市民や企業も参加して、共に問題解決に当たりましょう」と地域に問題提起した。行政としても、放置状態の公共用地が市民の自主的な地域活動により維持管理されることになり、行政費の節約につながることからメリットは大きいと判断した。

そこで、行政には、土地の無償賃貸や行政の横断的な対応、法律や行政手続きなどの専門的な支援、さらに、専門部局に偏った縦割り組織の弊害を排除した、横断的な調整を行うグラウンドワークの担当課の設置もお願いした。

また、グラウンドワーク三島の活動の中で最も大切な仕組みは、行政がパートナーとしてしっかりと参画してくれることである。設立当時の奥田市長にグラウンドワーク活動の有益性と効率性が理解され、企画調整課を担当窓口に据え、担当者がスタッフとしてスタッフ会議などに仕事の一環として参加することが決まった。さらに、運営費補助金として二〇〇万円の支援が受けられた。三島市のグラウンドワーク三島への積極的な参画がグラウンドワーク活動を継続していく上で「社会的な信用の担保」として大きな力になっている。

現在までに、三島市など行政から、私たちの活動に対しての内部干渉を受けたことは一切ない。アドバイザー的なパートナーとして、一定の距離間と緊張感を保ち、信頼の関係を維持している。設立以来一四年の間に市長は奥田・石井・小池各氏と三代にわたっている。しかし、補助金は一割程度削減されているものの継続されている。グラウンドワーク三島の活動が風化せず進化・発展していることへの評価でもあるし、地域住民の圧倒的な支援や、劇的に環境改善された実践地区での実績も、補助金の削減が叫ばれる中で、三島市が補助金を切れない理由ではないかと思う。

グラウンドワーク三島を担当した市職員は、そのほとんどが一年か半年交替であった。私たちのスタッフ会議や日常の活動に参加していると、直接的に市民と接することが多く、行政マンとして現場最前線の現実が学べ、面白くなり、グラウンドワーク三島の支援者・味方に偏っていく。そうなると転勤対象となる。一部の市民組織に偏った意見や思考を持つと、平等・均等のサービスの提供を旨とする市職員の規範に合わないとの判断をするのだろう。

何と陳腐なことよ。市民の意見や問題を真摯に聞き、いろいろな関係者とともに現場で活動し、問題を解決していく。市のお客様である市民の考え方を理解できる千載一遇の場であり、納税者の要望や意思を確認するための情報収集の場でもあるのだ。一団体との密着性が濃すぎるからといって接触の機会を排除し、役所の中に閉じこめてしまうのは、公務員としての本質的な役割を見失っている。

しかし、こんな考え方の公務員とも付き合いを続けている。長い時間軸の中で、担当経験者もそれなりの役職になり、三島市との関係はやや改善されてきている。考え方を変えれば、三島市がＮＰＯやグラウンドワークの意向を把握する術と対応能力を高度化しているといえ、行政の狡猾さに磨きをかけているともいえる。

すなわち、グラウンドワーク三島の成功の秘訣は、行政との微妙な緊張感の持続性と、お互いの対等性と独自性が担保されていることで良好な関係が保たれていることにあるのだ。

3.6 企業へのアプローチ

それでは、企業に対してはどのようにアプローチし、仲間として参加してもらうべきであろうか。企業は今まで利潤追求一辺倒であり、地域活動に対する関心や興味も弱く、地域との関わり合いは希薄であった。この地域と余り関わり合いの少ない企業をどのように市民活動に引き込んでいったらよいのだろうか。

秘訣は、具体的で緊急的な問題を直接的にぶつけて協力を求めていくことだ。企業として支援する内容が、わかりやすく具体性に富んでいることが重要だ。高邁な総論や是非論の説明よりも、地域で発生している具体的な問題を説明し、企業にとって無理の無い範囲での協力を求めていくことが一番説得力を持つのだ。

グラウンドワーク三島では、地域企業に対して、機材の提供、資材の応援、専門的技術の支援、人的な応援などをお願いしている。大企業には、主に資金的な支援や人的な応援などをお願いしている。

また、企業を取り込むための前提条件としては「信用の担保」がある。この担保とは、何を指すのだろうか。支援する市民団体が果たし

企業の協力

て信用できる組織なのか、どのような基準で判断するのかといえば、行政との関わりの有無だ。行政がこの活動や組織を資金的・組織的に支援していることが大きな担保になる。間接的、側面的な支援でも、行政と関わりを持っているというだけで市民団体には大きな武器、活動を支える潤滑油となり、企業が支援してくれる大きな要因になる。

企業に対しては、抽象的なお願いの仕方ではなく、具体的なアプローチが大事だ。例えば「釘が一箱足りない」「トラックが三台必要だ」「水中ポンプが二基必要だ」「間伐材が一〇本あればベンチや机が造れる」「溶岩が二〇個あれば花壇ができる」といった具合だ。企業への依頼は、相手に負担がかからない、資機材の提供にするのが長く付き合う最低条件ではないかと思う。

3.7 パートナーシップ役割分担図

グラウンドワーク三島では、「パートナーシップ役割分担図」と呼ぶ、関係者の役割分担を明確化するための一覧表を作成している。横軸には、市民・行政・企業・グラウンドワーク三島・作業日時・備考などが記載されている。縦軸には、現場で必要となる資機材と必要数量を入れる。環境改善現場の議論の中で必要とされた様々な物資が記載してあり、土、溶岩、芝生、肥料、木、花、ベンチ、水道、トラックなど、一〇〜三〇項目にもなる。

例えば、土が何日の何時に何トン必要だ、となる。これは、行政のほうから必要な日時に合わせて、遺跡調査の現場から搬入する。花壇に使う溶岩は、A企業が違う現場から出たものを発注者の了解を得て提供する。芝生は、B企業が親戚の芝屋さんから安く購入し余ったものがあるから寄付してくれる。その他資材は、

C企業が大型トラックやユニック（車載小型クレーン）付きのトラックもあるので提供者の置き場から運ぶ。水中ポンプや掘削機はD企業が貸す。肥料はE農家が提供してくれる。植栽用の樹木は町内の住民からの提供によるが、参加者で作業日に掘りに行く――等々、活動に参加している様々な団体からの協力により必要な資機材が供給されてくるのだ。

また、県有地の許認可申請は司法書士のF君が担当だとか、設計は建築士のG君に依頼しようとか、水質調査はH君が専門家だとか、個人の得意技や商売に依存するパターンもある。このプロジェクトに関わるそれぞれの人間関係やネットワークを通して、縦横無尽に協力の輪が広がり、パートナーたちの知恵と力が結集することになり、思いもかけない「総合力・全体力」が発揮される。

パートナーシップ役割分担図は、一種の協働関係の全体像を示す「ジグソーパズル」だ。そこに参加する、市民・NPO・行政・企業・仲介役的NPOが、それぞれのチップ（役割）を確認し、役割分担図の中にひとつずつ当てはめていく行為こそが、パートナーシップ形成の具体的な作業となる。この相互補完の作業を通して、それぞれの立場と役割が明確になり、信頼関係に裏打ちされたパートナーに成長していくのだ。

この地道で具体的なプロセスの中に、新たな社会・地域システムを創造していくための手法と要素が凝縮されている。具体的な課題を解決するために個々の実践活動を通してパートナーシップを形成していく「地域マネジメントのノウハウ」が凝縮されている。地域に発生した小さな課題すら解決できなくては、街づくりや国づくりなどの大きな課題解決はできないと思う。地域や街づくりの現場においてのパートナーシップ形成への取り組みと実績が、グラウンドワーク手法の実効性と有益性を実証するための成果にもなるのだ。

3.8 パートナーシップのメリット

●市民のメリット

① 市民参加による街（地域・町内）づくりや自然（水辺）環境の具体的改善活動に関与することで、街づくりへの市民意識が向上し、行政側の実情が理解できる。
② 住民と行政、住民と企業との相互交渉が活発化し、相互の誤解や偏見が生まれない。
③ 市民自身が参加し、考え、汗を流すことで手づくりの街づくりが始まり、居住地域への愛着と誇り、新たなる問題意識が生まれる。
④ 会社人間から脱皮し、地域との連携が深まり、新たな能力開発と生きがい、やりがいの場づくりとなる。
⑤ 異業種の人々との交流が始まり、新たなる人間ネットワークが広がる。

●行政のメリット

① 市民の協力と理解が得られ、効率的な行政展開が可能となる。
② 対立や誤解から協調の関係に変化して市民参加の街づくりができる。
③ 市民の力、企業の力、NPOの力、ボランティアの力を多角的に活用でき、行政費の節約となる。
④ 物つくって魂入れずではなく、市民のアイデアや知恵を活用した住民主体の行政施策が可能となる。
⑤ 多種多様の価値観を持った住民意向を、行政の施策の中で活かすことができる仕組みづくりができる。
⑥ 反対のための反対的な住民との対立関係が少なくなり、建設的な行政施策の展開が可能となる。

パートナーシップのメリット

地元主体の環境改善
生活水準の質的向上
財政的、技術的支援
子供たちへの環境教育
コミュニティの結束
具体的成果への満足
自己実践能力の向上
郷土への誇りと愛情

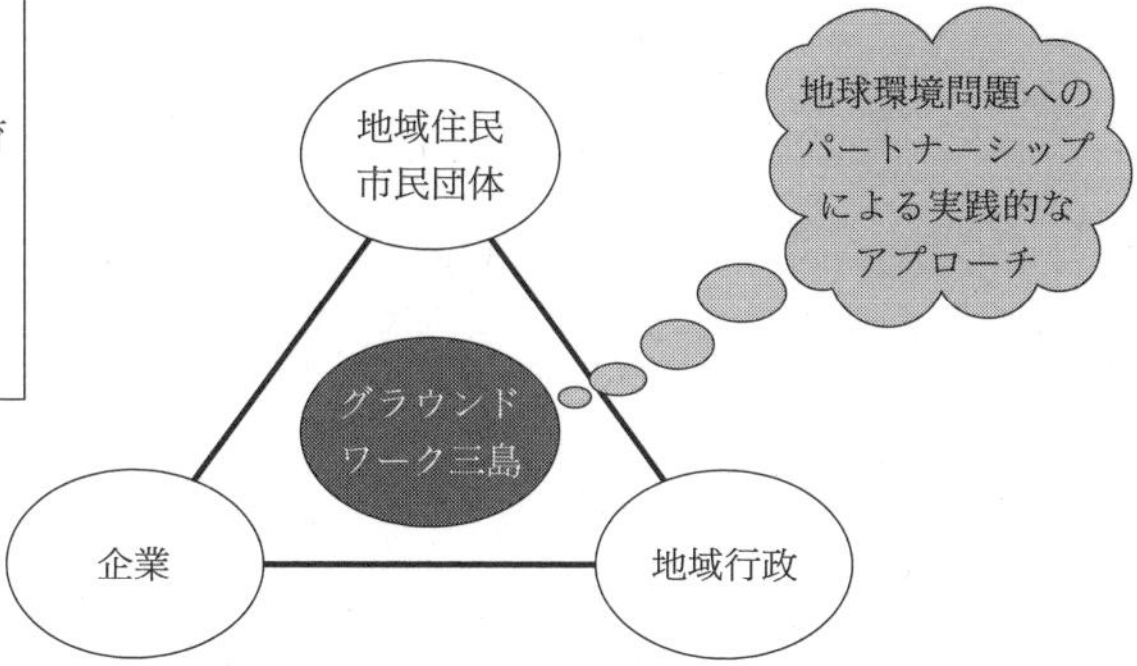

企業イメージの向上
企業施設の環境改善
業績向上と人材確保
ビジネス機会の増大
地域貢献・慈善事業
ネットワークの拡大
環境規制への早期対応
従業員の活性化効果

地域施策の飛躍的推進
政府からの補助や助成
自治体への好感度向上
実質的むらづくり推進
地域経済活動の活性化
自治体の全国的な認知
自治体職員の資質向上

●企業のメリット

① 地域においての社会貢献の機会が増え、成果がわかりやすく企業の新たなイメージアップが図れる。
② 市民や行政との交流が深まり、情報交換や商業チャンスが拡大する。
③ 閉鎖的な企業イメージが払拭され、コマーシャルベースでも有利となる。

市民・行政・企業とが、それぞれの利害を調整して、パートナーシップを組むことが、いかに多くの社会的なメリットを生み出すことができるかが理解できると思う。市民の満足、行政費の節約、企業の社会参加、一石三鳥の絶大な効果が発生するのだ。三者の立場と役割をお互い同士が理解し、助け合っていく考え方と具体的な行動、この関わり方が、さらなる相乗効果を発生し、行政に依存しない、新たな「市民社会」を創造していくことになる。

4 パートナーシップ形成のノウハウと役割分担

今後の社会において、行政、企業、市民、NPOなどが有機的に結合した「パートナーシップ型」の地域システムを構築できれば、もっと豊かな地域社会が確立できると思う。そこで、グラウンドワーク三島の活動を通して学んだパートナーシップ構築のノウハウと役割分担について、具体例を紹介しながら、その秘訣を説明する。

4.1 グラウンドワークの基本的な考え方

従来、日本において、創造活動といえば、古いものを壊して新しいものをつくることと理解されることが多い。しかし、グラウンドワーク活動は、今の環境がこれ以上悪化するのを防ぐとともに、地域固有の快適な環境や景観、歴史的な構造物、文化伝統などを見つめ直し、地域資源として付加価値を高めようとする、実践的で具体的な地域環境改善創造活動である。

また、活動に当たっては、これまでとかく対立関係にあった市民・ＮＰＯ・行政・企業の四者が、対等の立場に立ち、それぞれの立場と役割を認識し合いながら、パートナーシップ（協調、協働）の構築に努力する。この活動を通して、行政依存の体質ではなく、市民・ＮＰＯが主体となった住民参加型運動へのステップアップが始まる。

このように、関係者が一体化し相互に連携を取り合い、新たなネットワークを構築することは、それぞれが保有するパワーが分散せず、無駄が省かれ、相乗効果も期待できる。

4.2 キーマンとなる人材の発掘を

組織は人で決まると言える。この包括的な組織の中心になる人（キーマン、リーダー）の要件として考えられることは、現在までに様々な形で地域活動に参加し、その中心的な役割を担った実績を持ち、多くの人的ネットワークを有し、人望と信頼が厚く、政治的中立を保てることである。

キーマンの年齢層は三〇代から五〇代後半までが最適だ。特に青年会議所のメンバーは、社会貢献活動を経験し、行政との付き合い方や企業へのアプローチ、地域住民との合意形成など、青年会議所の各種行事を通して組織をまとめていく能力に優れており、適役といえる。また、青年会議所ＯＢは「卒業」後に社会貢献活動に参加する機会が少なくなることから、グラウンドワーク活動の趣旨に賛同する理事長や役員経験者などを上手に取り込むことにより、持続可能な先導的組織をつくる必要がある。

さらに、各地域の市民活動団体の中で、事務局長クラスの人をターゲットにして、グラウンドワーク活動に引き込み、活動を支援してくれる応援団を増やすことも考えなければならない。

特に、行政種まき型（行政がグラウンドワークの重要性を訴え、市民・企業の協力を得て、地域の環境改善活動を実現していくタイプ）の場合は、グラウンドワーク活動の趣旨に沿ったパートナーシップ型の環境づくりの必要性と意義を説明し、理解してもらう行政サイドからのアプローチが必要とされる。

4.3 市町村とグラウンドワーク

●縦割り行政からの脱却

市町村の行政組織は複雑で縦割りになっている。横の連携は少なく、それぞれが特定の限られた仕事をこなしている。市民や企業がそれぞれの問題意識に立脚して地域の環境改善や街づくりに関わる問題を処理しようとすると、ぶつかるのがこの縦割り行政の壁だ。環境改善の問題は行政の様々な部局に重層的に関連するが、直接的に調整・対応する担当窓口がないことから、市民の困り事や課題を解決するための受け皿が見つからないのが実態となっている。

実践活動を進めるにしても、法律的な問題や権利調整、資材や機材の調達、資金の確保、行事の広報、参加者の募集など、細かで複雑な問題をひとつずつすべて解決していかなければ活動は成就せず、全体を調整するには大変な労力と多くの時間を要する。この事実は地域活動を進める上で大変な重圧であり、この処理に頭を痛め、次第に地域活動への意欲が減退していく要因にもなっている。

そこで、住民と直接的に接している市町村がこの部分の橋渡し役となり、市民や企業を支援していくことが、地域活動やNPO活動の活性化のためには必要不可欠な前提条件といえる。グラウンドワーク活動を地域で力強く展開していくには、行政内に専門の支援スタッフ（担当課・係）を配置する必要がある。

行政組織内にグラウンドワーク担当窓口を設置する段取りは、次のとおりの案が考えられる。まずは庁内に「○○地区グラウンドワーク推進検討委員会」を発足させ、行政組織内部の体制整備や各課の役割分担などを総合的に決定する。ここで決められた担当課が「グラウンドワーク実行委員会」との調整窓口となり、市民団体・企業などとの調整や予算確保、議会対策、庁内調整、県・国などとの調整、全国のグラウンドワーク実践地区との情報交換、市民へのPR、広報活動などの業務を行う。

なお、関係者がパートナーシップを組むための初期段階には、地域に飛び込んでの多くの調整作業が必要となることから、グラウンドワークの専属職員には、地域活動の経験者や、柔軟な発想ができる人間性の豊かな人、意欲的で公務員らしからぬ人材が望まれる。

●応援団を結成する

行政マンは地域に帰れば一市民だ。行政マンと市民の二面性を有しており、「行政市民」とも表現できる。そんな考え方から、職員を対象に「グラウンドワーク応援団」への参加を募り、一市民としての問題意識から地域の環境改善活動に協力してもらえるよう呼び掛けを行う。

そうすれば、職員は行政マンとして培った多くの経験と様々な情報を地域住民に提供する役割を担える。具体的には、法律や土木、造園など専門知識での支援、行政への橋渡し、他地域の情報提供などがあり、地域活動の分野ではいずれも重要で難しい部類に属するものだ。

一市民として現場最前線に入り地域活動との接点を絶えず持ち続けることは、行政マンの意識改革を促すだけでなく、行政組織の効率化や合理化など行政の内部変革につながる可能性をも秘めている。行政マンは、グラウンドワークなどの活動を通して、人間としての「二面性」を学ばなければ、〝公僕〟としての本来の使命を果たしていることにならないのではないか。

●自立への支援を

本来、市民の主体的な考え方や問題意識により運営されるのが「グラウンドワーク実行委員会」である。行政はオブザーバーの役割でよく、指導や支援の程度は間接的、側面的なものでよい。

しかし、現状では、グラウンドワーク活動が全国各地に普及しているわけではなく、三島市や滋賀県甲良町、福岡県福岡市など、一部の地域だけで行われているのが実態だ。グラウンドワーク手法を活用して新たな環境改善活動を実現したいと考える行政からのアプローチによって活動が始まった地区も出てきている。その場合は、行政はしっかりとした「グラウンドワーク支援システム」を整備する必要がある。実行委員会が独り立ちできるまでの三年から五年の間は、資金面などで活動を支えていかなければならない。英国の場合だと行政は、最低五年間は全体事業経費の三分の一を補助し、市民組織の運営を継続的に支えている。

これらの事例も踏まえ、グラウンドワーク活動に対する市町村の支援内容を提案する。

- 組織維持のための運営費（人件費、事務所経費、事務費など）の補助
- 各地域で行われる地域環境事業の補助（ミニハード事業への補助）

・事業推進のために関係する課との調整、協議
・県、国などとの調整、関係書類の作成、許認可への対応
・実行委員会以外の市民団体、企業、行政機関などとの調整、協議、紹介
・企業への資金、機材、資材などの提供に関わる側面的支援、信頼性の担保
・私有地、市有地、県有地、国有地などの借地契約に関わる調整、許認可事務への対応
・関係地域住民、支援企業、行政機関などへのグラウンドワーク活動のPR
・行政職員からの専門的なアドバイス（公園づくり、多自然型水路づくり、植栽、生態、法律的知識の提供など）
・行政職員有志による「グラウンドワーク応援団」の結成と活動支援

4.4 都道府県とグラウンドワーク

●期待される支援機構の創設

山形県は、平成八年度に作成した県環境基本計画の第4章第2節「環境ゆとり都構想――自然と共生する県づくり、地域づくりを目指して」にある「自然との共生の地域づくりの推進と支援」の項目の中で、グラウンドワークについての県の対応姿勢や考え方などを示している。

この中で、推進・支援体制の方向づけとして、自然との共生の観点から行われる地域づくりの取り組みを「グラウンドワーク」ととらえ、企業と行政が住民活動組織のパートナーとなる「グラウンドワーク支援機構（仮称）」制度を通じて各種支援を行っていくとしている。

具体的な中身として推察されるのは、財政支援としての「基金信託制度(仮称)」であり、企業からの寄付、市町村や県からの補助支出(出捐)による基金創設である。

同計画はまた、活動を支援、促進するための情報の提供、行政との調整、人材派遣を図る他、企業によるグラウンドワークへの支援や参加も視野に入れた体制(企業支援事業の評価・キャンペーン)を基本とし、全体としてパートナーシップのもとでの取り組みの推進を図ることとしている。同県は今後、実践モデル地区を指定して、県の支援事業の中身について市町村から要望や意見を積極的に提案してもらうこととしている。

●アドバイザー養成やモデル地区指定も

そこで、グラウンドワーク活動に対する、県としての支援内容を提案する。

- 県内でのグラウンドワーク活動の拡大=例えば人づくりを目的に「グラウンドワーク地域アドバイザー養成講座」を開講(なお、徳島県と高知県は、全県公募方式で五〇人を募集し、研修期間一年の同講座を実施済み)
- 県庁内のグラウンドワーク担当課の決定と関係課を参集した「県グラウンドワーク連絡(推進)委員会」の設立=これは庁内の横断的な情報交換組織であり、土木・農地・林業・その他部局でグラウンドワークを活用した事業として何ができるかを検討、協議する組織(徳島県と高知県で実施済み)
- 県庁内幹部職員のグラウンドワークへの理解を高めるための「県グラウンドワークトップセミナー」の開催(同)
- NPO法人取得の先進的活動団体への委託発注による調査研究、指導助言体制の整備
- 県内の「グラウンドワーク実践モデル地区」の指定と活動推進費補助制度の創設

・公共事業である水環境整備事業や農村総合モデル事業、都市計画事業、県単独事業、その他農業農村整備事業などの事業計画の取りまとめに関わり、グラウンドワーク手法を活用した住民参加型の計画策定費（測量試験費など）への補助制度の創設
・グラウンドワークの地域環境改善事業に関わる「ミニハード事業」について県単独事業補助制度の創設

4.5 企業とグラウンドワーク

今までの市民活動をみると、企業との関わり合いは意外と少ない。しかし、グラウンドワークにとっては、市民、NPO、行政、企業の四者が必ず関わり合いを持っていることが必要不可欠だ。次のようなプロセスにより、企業や商工業者などが、地域環境改善活動に積極的に参加できる雰囲気づくりを進める必要がある。

●必要な理由づけ

企業をグラウンドワーク活動に引き込むためには、企業サイドからみた明確な活動支援のための理由づけが必要となる。抽象的で総論的なお願いでは企業の支援を得るのは難しい。企業にとって、基本的には社会貢献活動の一環としての参加が原則であり、損得の価値判断ではない。とはいえ、参加の意味づけとメリットの認識も必要とされる。そこで、メリットを並べてみる。
・具体的で積極的な地域貢献活動の機会となり、地域に「何かを還元」できる。
・支援の成果がわかりやすく、企業のイメージアップが図れる。
・市民との交流が深まり、情報交換やビジネスチャンスが増大する。

・閉鎖的な企業イメージが払拭され、コマーシャルベースでも有利となる。
・ボランティア意識を持つ社員に社会参加の場を提供することができ、社員の士気高揚や組織の活性化にもつながる。
・住民、市民団体、自治体職員、その他企業人などの異業種交流のよい機会となり、人的ネットワークが拡大する。
・地域住民や行政から、企業の地域貢献に対する直接的な評価を受けられる。
・企業の公益的活動の宣伝の機会となる。

●無理のない参加に

特定の企業に対して、行政が直接的に参加を依頼することは難しい。そこで、協会や協議会、連合会などの企業連合組織に対して、グラウンドワークの考え方や重要性を機会あるごとにPRし、参加意識の育成と環境づくりを進めることが行政に求められる。

この中で、どのような形態ならば企業として参加しやすいのかの聞き取り調査や意見集約を行う。グラウンドワーク三島の活動に参加している地域企業の代表者や、割りばし回収運動を展開している（株）王子製紙環境部の話によると、企業への協力要請は、資金、人的支援、機材、資材など、できるだけ具体的な形のほうが理解を得やすいようだ。地域ごとの事業内容に合わせ、関係者の役割分担や議論の中から出てきた企業協力の形に見合った、無理のない参加をお願いしていくことだ。

具体的で詳細な企業との協力関係やアプローチの方法は、基本的には各地域の特性を踏まえて地域団体が中心となって、内容や段取りを詰めるものである。

グラウンドワーク三島での事例を見ると、大企業は資金的な支援や社員による人的支援が多い。地域企業は、物資の提供、道具の貸与、敷地の借地、人的支援、資材の提供、職人的特殊技術の応援などが多い。グラウンドワーク活動の中で期待される企業の役割は次のようになる。

・企業経営のノウハウを環境改善や街づくり活動の運営面に提供
・社員のボランティア参加、アイデアの提供
・グラウンドワークへのスポンサー（資金助成）
・具体的な地域改善事業に対して、現金あるいは物資（機材・資材）の提供
・特殊技術者（オペレーターなど）の人的支援、専門的アドバイスの提供
・企業の持つ敷地、施設、道具の貸与
・企業が持つ専門的知識、ノウハウ、処理対応技術などの地域還元の機会
・社内報などによるグラウンドワークの広報活動
・地域活動団体への職員の出向、研修派遣
・地域活動団体への業務委託

4.6 専門家や学校との連携

今までの地域活動は、市民の純粋な熱意に基づく、一生懸命なボランティア意識に支えられている場合が多かった。そのため、一部の人の情報不足からくる歪曲した意見に一方的に流され、行政や企業との対立関係や相互不信の関係に陥るケースも見られた。

●アドバイザー制度の創設を

英国のグラウンドワーク活動では、専門的知識を持った「専門家」集団が介在し、市民・NPO・行政・企業に対し適切な助言や指導・調整を行い、質の高い持続的な活動を支えている。

専門家に必要不可欠な要素は、第一に現場での質の高い結果を生み出せる確かな技術力と指導力があること、第二に四者の仲介役として冷静で総合的な判断・調整能力を持っていること、第三に関係した地域が好きになり地域に飛び込める純粋性と熱情があること、第四に国内外の地域活動の事例に詳しく情報収集能力が優れていること——などである。この専門家集団の存在が、地域におけるグラウンドワーク活動の推進には必要だ。

そこで、全国各地から様々な能力と実地経験を持つ学識経験者や実践者を選別し「グラウンドワーク専門家アドバイザーグループ」を結成するというアイデアはどうだろう。この専門家に、活動実践地区に入って継続的に指導・助言を行うよう依頼する。当然ながら、このグループの謝金、交通費などの必要経費は行政が負担する。

また、地域内においても「グラウンドワーク地域アドバイザー」制度を創設する。構成メンバーは、市民団体、教育関係者、民間コンサルタント、建築家など様々な専門的知識を持つ人たちとする。そして彼らが、地域の実情（動植物、歴史、文化、伝統、風習、生態系、歴史的構造物、農業用水など）を熟知している街の博士的な人たちを選定し、地域専門家集団として位置づけ、活用していくという仕組みだ。報酬は、できるだけ有償ボランティアの考え方を導入し、日当程度を支払い責任も持たせる。そのための必要経費は行政が負担する。

●地域独自に環境プログラム

グラウンドワーク活動のメインテーマは「実践的な環境教育プログラム」の推進にある。地域での具体的な活動に子供たちを参加させ、実践活動を通して環境の大切さや自然の楽しさなどを学んでもらい、今後の地域の環境づくりの担い手に育てることを目的としている。

そのためには、学校関係者とのネットワークづくりが必要となり、グラウンドワーク担当の窓口を教育委員会や各学校並びにＰＴＡに設ける必要がある。

文部科学省から示されている環境教育プログラム（カリキュラム）の中に、地域での環境づくり活動への積極的な参加を盛り込み、参加のルールづくりも進め、地域独自の環境教育プログラムを作成する。

ここで、子供たちがどんな形で地域活動に参加し、何を実践し、何を学ぶのか、安全対策の検討も含めた総合的な内容のテキストをつくる。

学校教育に限定した対応ばかりではなく、親たちも参加した共同作業を行い、家族全員が一体化した楽しいボランティアの場づくりを提供する。学校ごとのＰＴＡの参加方法についても各学校単位で検討してもらい、地域環境づくり活動との一体的な行事開催を検討する。

4.7 実行委員会の結成

地域型グラウンドワークとして、市民・ＮＰＯ・行政・企業のパートナーシップを支える役割を担い、関係者を仲介しコーディネートする市民組織の存在が、グラウンドワーク実行委員会（地域トラスト）といえるものだ。

将来的には四者が参画した包括的・総合的な新たな市民組織の育成が、具体的なグラウンドワーク活動の実践とともに、地域に課せられている大きな命題である。

以下、英国の事例を引きながら、地域での仲介役組織の結成プロセスを提案する。

●街づくりの仕掛け屋集団

英国での「グラウンドワーク事業団」の役割とはどんなものなのか。この組織は市民、NPO、行政、企業の仲介役を担うものであり「第三公共機関」だ。かつて、それぞれがバラバラにやってきた環境問題や社会貢献、ボランティア活動などへの対応を統一化して、対立の関係から協調、協働の関係に移行できるよう調整する役割を担う。

この組織は関係者の真ん中に位置して、ある問題が発生した場合に、市民には「行政や企業への文句や批判ばかりではなく、市民主体の前向きな対応を考えてください」と説得し、行政には「市民がこんなことに困っているが、どうすれば行政の支援が受けられるのか」と関係機関を調整し、企業には「地域で市民が具体的にこんなことに困っているので、機材、資材の提供や資金、人的支援などをしてくれないか」と依頼し、関係者が上手にパートナーシップが取れるような環境づくり、土俵づくりに奔走《ほんそう》する役割を担う。

市民意識が高揚し、行政の力が衰退し、企業の社会参加が求められるこれからの時代の中で、行政改革、地方分権、住民参加を進めるための新たなる社会・地域システムともいえる。

「グラウンドワーク実行委員会」は、行政や企業との情報不足や意思疎通の不足による対立関係の防止、ボランティア団体ゆえのフットワークのよさによる的確な住民要望の吸収と敏速な対応、縦割り行政ゆえの硬直化した対応能力の補完的機能など、多面的な役割を担える、既存の市民組織から独立した「包括的市民組織」といえる。

●行政依存から市民主体へ

グラウンドワークは、いわゆるかゆい所に手が届き、関係者を上手に握手させることができる「コーディネーター組織」だ。今まで、行政が多くの金と権限を持ち、何でもかんでも対応してきたために起きてしまった「行政依存、他人任せの弊害」から脱して、「住民主体」「パートナーシップ型の社会」に変革させるためのいわば推進母体ともいえる。

実行委員会が取り組む事業内容は概ね次のとおりである。

① 市民提案型の活動
　行政施策への市民参加型・提案型の活動

② 市民手づくり事業型の活動
　環境悪化地区の実践的環境改善活動

③ 事業支援推進型の活動
　他団体が実施中の事業を支援

④ 環境教育型の活動
　自然観察会、水辺観察会、水質の勉強会、農業用水の勉強会、ホタルの観察会などによる子供たちへの環境教育を実施し、環境への関心と興味を誘発。また、子供たちを中心とした「環境改善ボランティアグループ」の設立を図り、具体的活動への参加を拡大

⑤ 視察・研修会の実施
　全国各地の先進的な街づくり活動、地域環境改善活動を展開中の市民組織との相互訪問による視察研修、情報交換会・交流会等の企画や成功地区の視察、研修の実施

⑥ 広報・啓発活動の実施

グラウンドワークに対する市民の関心と理解を深めるためのセミナー、地域住民への勉強会、広報紙の発行などの意識啓発活動

⑦　先進的グラウンドワーク実践地区との連携

静岡県三島市や滋賀県甲良町などのグラウンドワーク先進地との情報交換、交流の場の設定

⑧　事務局体制の整備、強化

他地区よりの視察、事務業務や事業調整等に対応するために、専任の事務局員の雇用を行い、事務局体制の整備と強化

⑨　活動マニュアルの作成

グラウンドワーク実行委員会活動・事業実施マニュアルを作成して、他地域地区でのグラウンドワーク活動の参考資料に活用

平成一〇年一二月に特定非営利活動促進法（ＮＰＯ法）が施行された。これにより今後、各地域においても自立した市民組織の育成と、継続的・永続的組織運営の確立を目的に、ＮＰＯ法人格の取得を目指す市民団体が増えてくるだろう。となれば、市民団体は各地域の地域特性を踏まえた地域型のグラウンドワークのスタイル、手法を創造していかねばならない。このためには、それぞれの地域においての多くの実践実例と成果の蓄積が必要とされる。

基本的には、英国のような地域トラストの存続のためには、個人の善意に依存した市民団体のあり方ではなくて、有償スタッフと専門家が存在するＮＰＯへの組織強化が必要とされる。

法人格を取得し、永続的・発展的に社会的使命を担うことができる中核的、先導的な市民組織が出来上がれば、住民参加、市民主体の新しい街づくりスタイルが、地域全体に次第に浸透して、行政主導からの脱皮が図られるものと期待される。

●人材養成のプログラムとは

ところで、「地域づくりは人づくり」と言われるほどに重要かつ難しいのが人材の養成である。この人づくりに成功しているのが滋賀県甲良町だ。

同町では、せせらぎ遊園の街づくりシステム（市民・行政・専門家の三位一体の関係）が確立するまでに約八年間の歳月を要している。そのきっかけは公共事業の計画づくりにある。町内の一三の集落ごとに「むらづくり委員会」が結成され、ボトムアップスタイルの計画づくりが進められたことに起因している。また、専門家を講師に招いた「せせらぎ夢現塾」との連携により、中身の濃い専門的な知識に裏づけされた計画づくりが進行し、併せて地域住民の問題意識の誘導、誘発と学習意識の向上、自立した住民意識の養成が図られた。

これらを参考に、グラウンドワークを地域で支えていく人材養成のプログラムを提案する。

①「グラウンドワーク地域アドバイザー養成塾」の開講

市民に公募して年間六回程度の開講、三島市や甲良町の先進地視察研修も含む。

②「グラウンドワーク地域別セミナー」の開催

専門家を講師とした地域別セミナーを開催し、町内関係者に活動への理解を深めてもらう。また、各種市民団体、企業、関連団体関係者を招聘したセミナー、勉強会、研修会も開催し、賛同者、協力者を増やす。

③「グラウンドワーク地域別ワークショップ」の開催

問題点の発掘のために、現場で地域点検調査や整備計画づくりの検討作業を遊びの要素を入れて行う。子供たちや親たちの参加も計画する。

④「グラウンドワーク活動マニュアル、パンフレット」の作成

グラウンドワークとは何か、地域で何をどうやるのか、具体的な実践手法、段取りは、地域トラストとは、などについて平易に書いたマニュアルとパンフレットを作成して、市民に配布し理解を深める。

●勇気を持って参加を

私自身がグラウンドワークに関わり、一五年の歳月が経過した。市民、NPO、行政、企業が真に一体化すれば、素晴らしいパワーが発揮できることを、数々の実践活動を通して実感してきた。三島では、グラウンドワーク活動の成果により、ゴミ捨て場の川にホタルが乱舞し、絶滅した水中花が再生し、荒れ地が美しいミニ公園に変身した。大きなことを考え、議論するより、小さな課題に向かって行動、実践することは何よりも強いと思う。

今後、様々なスタイルの実践地区を拡大するとともに、NPO法人取得による組織再編や全国各地のグラウンドワーク実践地区との連携を図る「全国パートナーシップ市民会議」の結成、広域型なグラウンドワーク活動といえる富士山での環境保全活動の実施、韓国や中国のNPOと連携した東アジアにおける国際的なグラウンドワーク活動の展開など、より斬新で先進的な市民活動を企画・検討している。

日本の社会システムに歪みが現出し始めている今日、グラウンドワーク活動の理念と手法が、明日の日本の「社会・地域システム」を再構築するための新たな特効薬となることを期待し、「右手にスコップ・左手に缶ビール」を持った実践活動を地道に継続していく必要がある。

活動現場での著者

市民・企業・行政の皆様も、地域に出て具体的な実践活動に取り組んでいただきたい。一人ひとりの活動の積み重ねが、日本や地域を変える。皆さんが地域づくり、環境づくりの主役になり得るのだ。勇気を持って動き出していただきたい。

4.8 グラウンドワーク一〇のステップ

それでは、具体的な環境改善の課題を抱えた地域において、どんな手順により、パートナーシップ形成の手段であるグラウンドワーク活動を推進していったらよいのであろうか。スタート時点から一定の成果を積み上げ、新たなステップに歩み出すまでの段階的な手順を一〇のステップとしてまとめる。

①気づこう

まずは、気づこうということとは、自分の地域にどのような問題や課題があるのかを自分自身で考えることだ。誰でも「こうなればいいなあ、ああなればいいなあ、こんなこともできるのになあ」と考えることがあると思う。しかし現実的には、問題意識や様々な改善策を考えていても、それらを実現化するために具体的に動き出そうとする人たちは少ない。

「一歩踏み出す勇気」は、簡単なようだが、実際には難しい。地域内で発生した身近な問題をどのようにすれば解決できるのか、自分自身の問題として真剣に考えることから「気づきの第一歩」が始まる。まずは個人としての問題意識と小さな行動が、グラウンドワーク活動の「原点・出発点」となる。

具体的には、日頃の散歩道沿いのゴミ捨て場化した空き地に、僅かな花を植え、素敵な憩いのミニ空間に

グラウンドワーク推進に向けた手順

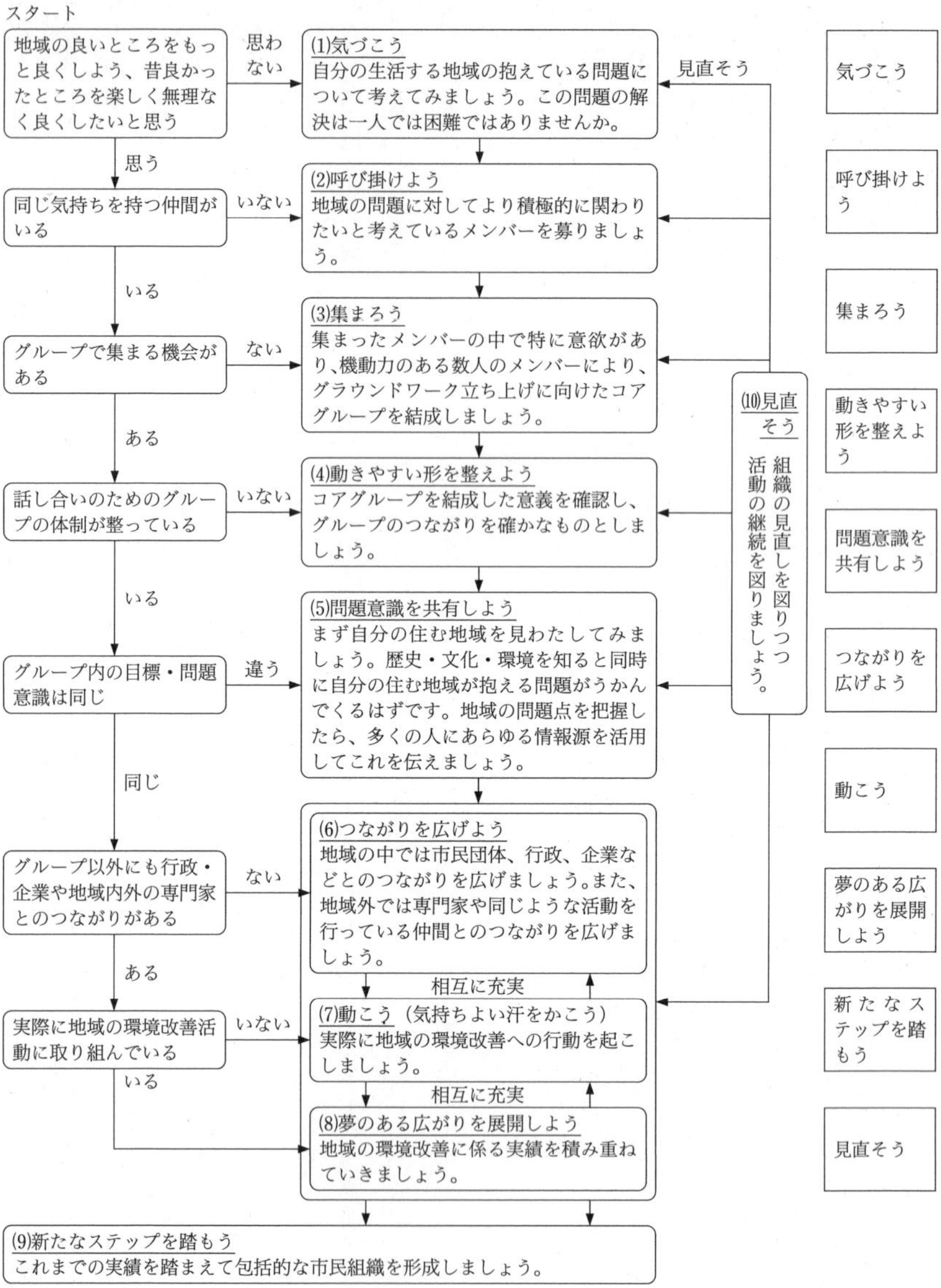
スタート
地域の良いところをもっと良くしよう、昔良かったところを楽しく無理なく良くしたいと思う
思わない
思う
(1)気づこう
自分の生活する地域の抱えている問題について考えてみましょう。この問題の解決は一人では困難ではありませんか。
見直そう
同じ気持ちを持つ仲間がいる
いない
いる
(2)呼び掛けよう
地域の問題に対してより積極的に関わりたいと考えているメンバーを募りましょう。
グループで集まる機会がある
ない
ある
(3)集まろう
集まったメンバーの中で特に意欲があり、機動力のある数人のメンバーにより、グラウンドワーク立ち上げに向けたコアグループを結成しましょう。
(10)見直そう
組織の見直しを図りつつ活動の継続を図りましょう。
話し合いのためのグループの体制が整っている
いない
いる
(4)動きやすい形を整えよう
コアグループを結成した意義を確認し、グループのつながりを確かなものとしましょう。
グループ内の目標・問題意識は同じ
違う
同じ
(5)問題意識を共有しよう
まず自分の住む地域を見わたしてみましょう。歴史・文化・環境を知ると同時に自分の住む地域が抱える問題がうかんでくるはずです。地域の問題点を把握したら、多くの人にあらゆる情報源を活用してこれを伝えましょう。
グループ以外にも行政・企業や地域内外の専門家とのつながりがある
ない
ある
(6)つながりを広げよう
地域の中では市民団体、行政、企業などとのつながりを広げましょう。また、地域外では専門家や同じような活動を行っている仲間とのつながりを広げましょう。
相互に充実
実際に地域の環境改善活動に取り組んでいる
いない
いる
(7)動こう（気持ちよい汗をかこう）
実際に地域の環境改善への行動を起こしましょう。
相互に充実
(8)夢のある広がりを展開しよう
地域の環境改善に係る実績を積み重ねていきましょう。
(9)新たなステップを踏もう
これまでの実績を踏まえて包括的な市民組織を形成しましょう。
気づこう
呼び掛けよう
集まろう
動きやすい形を整えよう
問題意識を共有しよう
つながりを広げよう
動こう
夢のある広がりを展開しよう
新たなステップを踏もう
見直そう

出典　(財)日本グラウンドワーク協会『地域におけるグラウンドワーク推進の手引き』より抜粋

環境整備するもよし、散歩や通勤途上でのゴミ拾いもよし、川の清掃活動でもよい。活動を義務化せず、気軽な気持ちで取り組める雰囲気の中で、自分に無理のかからない範囲での一人からの環境改善活動が、小さくて「大きな一歩」となる。

大事なのは、常に地域や環境に関心と興味を持ち、「私ならこうする、こう対処する」という代替案を頭の中でイメージしておくことである。国内外への出張の折などは、仕事や遊びのことばかりを考えているのではなく、自分の地域で抱えている課題に対してヒントを得るべく、そこかしこの公園や水辺を訪れ、そこでのデザインや景観づくり、素敵な資材・機具などについて観察し、写真に記録するなどの情報収集が大切だ。

私も、出張する時は常に写真機を所持しているし、時間があれば市役所に出向き、事業内容の聞き取りをすることや関係書類をもらってくることもある。飽くなき日常の気づきと努力が、地域内で具体的な行動を起動する際に突然、開花して、斬新なプランとして現実化するのだ。日頃の問題意識が潜在意識化し、日常の市民活動の中において斬新なアイデアとして具現化することにもなり、この気づきの努力は、やりがいや達成感などを醸成することになり、市民活動の苦しみを払拭する「元気の源」にもなる。自分自身の問題意識からすべてが始まる。

②呼び掛けよう

地域の問題や課題に対して、より積極的に関わりたいと考えているメンバーを募ることだ。いろいろな人たちに、その地域で起こっている問題や課題を、自分なりの表現方法により投げ掛け、問題意識を喚起することから始める。一人で始めたゴミ拾いなどの環境改善活動への参加について、家族や近所の気心の知れた仲間に声をかけて参加を促し、協力や支援を募ることから始めるのだ。当然、無理な勧誘や強要は押しつけになるのでしてはいけない。

一人で始めれば「ボランティア活動」になるし、二人以上になれば公益性・公共性の要素を含んだ「NPO活動」になっていく。たくさんの人々に呼び掛けようとせず、まずは奥さんや近所の人たち、友達などの仲間を五人程度、多くても七人程度集めて、小さな具体的な活動から着手することが大切だ。とかく何かを始める時は組織論や活動論から始めようとするが、それでは組織運営と人心把握に翻弄され、現実的な活動に手がつかなくなってしまう。まずは数人程度の仲間に呼び掛けて、概略の活動の方向性を共有し、物事を始めることがてっとり早い。

環境改善活動の楽しさや喜びを、自らの行動を通していろいろな仲間に伝え、そこで体験した悩みや苦しみも正直に打ち明け、本音の相談相手になれるように仲間を少しずつ増やしていくことが大事だ。一人の人間の情熱的な活動への思いと無償の行為が、多くの人々を引きつける「魅力と吸引力」になる。さらに、日頃の地道で献身的な努力の蓄積が、リーダーとしての信頼の担保と活動の社会的信用・評価につながっていく。

その結果、小さな活動の継続性が、次第に地域や町内に浸透・拡散していき、自然発生的に支援者も増えていく。参加人数や会員数の多さが組織や活動の「力」の証しではない。大人として心を打ち明け、本音を語れる仲間が何人いるかが、本当の意味での組織の力だと思う。小さくてきらりと光る力が、巨大な爆発力と可能性を秘めている。私の場合でも、源兵衛川再生プロジェクトやグラウンドワーク三島の組織化において、とにかく様々な人々に問題を投げ掛けた。同時に、川にひたすら入り、地道なゴミ拾いを続けた。何人参加してくれたかは正直言って余り気にしていなかったし、参加者の人数は大した問題ではないと気軽に考えていた。それよりも、私と同じ思いで課題に取り組んでくれる本当の仲間や以心伝心の信頼関係が築ける仲間と何人知り合えたかが、一人で始めた孤独と不安を解消してくれる「次の元気の源」であり、活動の「真なる成果」ではないかと考えていた。

世の常として、まずは誰か、その「第一歩を踏み出し」、これをやろうよと「呼び掛ける人」がいなくては、ことは始まらない。先頭を走る人には、抵抗や批判も多い。それに立ち向かう勇気と努力が、他人の心に何らかの影響を及ぼし、「共鳴の輪と支援の渦」を創り出していくのだ。仲間どうしの暗黙の役割分担と相互に尊敬し合う謙虚な気持ち、この二つの要素の相乗効果が、組織基盤の最大の強みとなる。NPOは企業と同じように、人あっての組織ではあるが、特異性は、人間同士の信頼関係の密度の濃さと互助互恵の精神が、前提条件となっていることだ。

③集まろう

集まったメンバーの中で、特に意欲があり、機動力のある数人のメンバーにより、グラウンドワークの設立に向けたコアグループを結成することだ。

まず、呼び掛け集まる機会を頻繁に創ることだ。そして、その中で、一生懸命に取り組んでくれそうな仲間を何人見つけられるのかがポイントとなる。グラウンドワーク三島にしても、私が最初の呼び掛け人となり、その刺激により新たな共鳴の渦が起こり、個人の領域を超えた団体同士のネットワークへと物事が拡大していった。

確かに、投げ掛けに賛同した人が集まり、いろいろと議論する機会を持つことは大切だ。しかし、単純にいろいろな人が集まっても議論が散漫化し、何のための集まりなのか、その目的や意味・意義がわからなくなってしまう。このような集まりには、物事を取り仕切り、一定の方向に議論や意見を調整・誘導していくためのコアスタッフの存在が重要となる。彼らが、様々な活動の戦略や方向性を決めるための「頭脳集団・演出集団」となり、集まってくれた異業種集団の取りまとめや総合的なプロデュースを先導していくのだ。

三島の場合、このコアスタッフは一二名いる。三島青年会議所OB、商工業経営者、NPOリーダー、シニア、主婦、大企業役員など、五〇歳から六〇歳の年齢層で構成されている。それぞれが、三島商工会議所、PTA、市民団体のリーダーであり、豊富な経験と多彩な人間ネットワークをもつ「三島の名士」といえる。このように、その街の各界各層の指導的立場の人間をどのくらいの人数、市民組織に取り込めるかが、組織力の多様性と足腰の強靱さを左右するといえる。また、コアスタッフの信頼関係の証しといえる「絆の強さ」が、仲間どうしの批判や中傷、誤解を誘発させない冷静な判断に基づく大人の関係を創り、その組織の持続力につながっていく。

グラウンドワーク三島の場合、広報・PR活動の最先端を私が担当することが多い。とにかく、いろいろな場面で新聞やテレビに登場する。これが長く続いているが、三島においては問題にもならない。なぜだろうか。私も、他の市民団体の事務局長を務めていたこともあったが、そこでは、余りにも目立ち過ぎだとの批判や不信感が、私が認識しない範囲において役員間で起こり、様々な嫌がらせがあり、私は事務局長を辞めた。しかし、三島の仲間たちの意識は、この組織とはまったく違う。私には表現力と説得力があるのだから組織としてうまく使えばいいのであって、「結果評価」と「役割分担」の領域で解釈すればいいのではないかとの判断だ。

私の個性や能力を組織として上手に活用しているのだ。集まりの根底には、事務局メンバーやスタッフを含めて相互の特質や異質性を認め合う「人間的な信頼関係」なくしては、市民組織が企業と同じになってしまい、役員や理事がすべてを取り仕切り命令する「縦社会の構図」ができ上がってしまう。それではグラウンドワーク的には集まりの意味をなしておらず、この杞憂を理解し、集まりの仕立てを考えてほしい。

④動きやすい形を整えよう

コアグループを結成した意義を確認し、グループのつながりを確かなものにするのだ。

グラウンドワーク三島も、市民団体がネットワーク化した包括的な組織（当初八団体、一四年後に二一団体）だと簡単に言っているが、実は一緒になるためには様々な議論を積み重ね、組織化までには一年以上もの歳月を要した。各団体は、組織ごとにそれぞれの目的意識を持って独自の活動に取り組んでいるわけだから、別に他の団体と一緒にならなくても特に困ることはない。そのために、「一緒になって何をやるのか」「どんなことが新たに実現できるのか」「それぞれの組織にどんなメリットがあるのか」「無理がかからない組織化は可能なのか」などについて十分に話し合い、合意を得る必要があった。

また、組織として一緒に行動していくための「錦の御旗」も考えた。まずは、「環境悪化が進行した『水の都・三島』の水辺自然環境の再生」と「原風景・原体験の復活」を最終的な理念・大志とした。さらに、英国で始まったグラウンドワーク活動を日本で最初に実証実験するモデル地区と位置づけ、先駆的な国づくり、地域づくりの手法の確立を図るための新たなる市民活動を展開するのだとの意識を仲間に理解してもらった。

具体的には、英国からの調査団を招聘してアクションプランへの助言を受けたり、英国への視察団の派遣を行い、本場での活動の最前線の見学を企画したりして、スタッフの意識高揚を図り、新聞を通してのグラウンドワーク三島の活動紹介を全国的に展開して、三島での活動の意味づけを強めていった。日本で最初の活動であるが、参加してくれた関係者どうしの吸引力・接着剤となったのだ。

このように、動きやすい新たな組織の形を整えながら、グラウンドワーク活動の具体的な実践メニューを取りまとめていくのだ。

⑤問題意識を共有しよう

まずは、自分の住む地域をじっくりと、様々な視点から多角的に観察して見ることだ。歴史・文化・慣習・

環境などの実態を知るとともに、地域が抱える問題や課題を把握して、これらをできるだけ多くの人々にあらゆる手段や機会を通して伝えていくことだ。

特に利害者どうしの話し合いの場においては、参加者どうしの意識に乖離があっては、物事を解決していくための問題意識の共有は難しい。話し合いを通して、「街の宝物は何なのか」「街の抱える問題や課題とは何なのか」「どの程度の危機的な状態なのか」「何のために今市民活動が必要とされるのか」「この課題を解決していくための専門性を持った仲介的な組織は存在するのか」「行政はどのように考え、参加するのか」など、同じ方向で動けるような共有目標を探すための調整の時間が必要となる。

三島では、問題意識の共有のための具体的な仕掛けとして、「街のあら探し」を実施した。「水の都・三島」の環境悪化の実態調査を、当初の参加団体のスタッフによって三か月かけて行った。その結果に参加者は皆驚いた。市内の多くの場所で余りにも多くの問題が存在している厳しい現実を知ることになった。この調査をきっかけとして、ふだん何気なく見てきた三島が、一気に霧が晴れ、悲しい現実と実態が見え、他人事ではなくなった。故郷の三島が汚れ傷つく姿を直視することで、悔しさと悲しみが込み上げてきたのだ。

そして、多くの参加者の意識の中に、「自分たちは一体今まで何をやってきたのか」「なぜ街にもっと関心を持たなかったのか」「このままでは三島は駄目になってしまう」との危機感や切迫感が一気に噴出し、グラウンドワーク活動の必要性と重要性が理解され、積極的な関わりへの環境づくりができた。まさに、何かを始めなくてはとの追い詰められた感情と問題意識が、仲間同士の強い信頼関係構築のための共有要因となり、総論的な議論なくしても、仲間が一体化して難題に取り組めるチームワークが醸成されていった。

⑥つながりを広げよう

地域の中では、市民・NPO・行政・企業などとのつながりを広げ、地域の外では、専門家や同じような活動を行っている仲間とのつながりを広げていくことである。

ここで初めて、つながりを広げよう、パートナーシップを発揮しようということになっていく。市民・NPO・行政・企業にも話をもっていき、各々がどのような形なら参画できるのか、活動を広げていくための前提条件や調整ごとの内容についていろいろと情報収集していく必要がある。街全体に関わる環境改善活動を展開していくには、ひとつの団体では組織的に限界がある。様々な団体の特性とパワーが有機的に結合してこそ相乗効果のメリットが発揮される。また、参加団体となるお互いどうしが真摯にぶつかり合うことによって、誤解や不信が解消され、新たなる融合力が生まれることになり、巨大な爆発力と内発力を誘発していく。

三島において、市民やNPO・行政・企業などとのつながりによる新たなる組織の誕生、その設立への環境づくりと調整機能を担うとともに、参加団体同士の相互のつながりの維持と強化・拡大を支えてきたのが、グラウンドワーク三島である。まずは、この真ん中に位置する市民組織の育成と存在が、つながりを創り、広めていくための重要な前提条件といえる。

⑦動こう

気持ちいい汗を流すために、実際に地域において、具体的な環境改善の動きを起こすことが大切である。いくら議論を重ね、物事の理想像・是非論を議論しても、現実的で具体的な変化は地域の中では起こり得ない。つながりを深めていくには、共有の問題に対して同じ目線・感性で同体化して取り組み、事実関係を成果として残していく経過が大切だ。地域で発生した具体的な問題に対して、立場や利害の違う人々が集まり、議論を重ね、同一化していく。議論のための議論ではなく、前向きな問題解決のための具体的な対応方策を検討するための議論が必要なのだ。

その議論の経過において、ある程度の方向性が決まったなら、即座に現場に入って実践活動を始めるのだ。実践の中から、新たなる問題も発生するが、形を残そうとする意識が困難を乗り越える忍耐力と創意工夫の知恵を誘発していく。利害者同士が立場を超えて理解者・協力者として一体化していく、合意形成のプロセスでもある。

さらに、現場での協働作業がつながりを強める要因となり、仲間意識の濃密性を促進させていく。作業後のアルコールを媒体とした「飲みニケーションの場」を通して、今後の事業に対してのさらなる意欲を創り出す「夢舞台」となる。まさに、「右手にスコップ・左手に缶ビール」の意識と、現場での活動を大切にする「実践主義・成果主義」が、強固なつながりを創る。

⑧夢のある広がりを展開しよう

まずは、地域において環境改善に関わる実績を積み重ねていくことである。地域に入ると、「あんたたちは何者だね」と聞かれる。また、「何のために他の地域の人がよその地域で活動するのか」「その背景に何か動機が不純なことが隠されているのではないか」「何でボランティア活動においてそこまで時間をかけた丁寧な活動を進めるのか」などと疑いの目で見られ、信用してもらえない時がある。しかし、地域住民への真面目な対応と一生懸命の思いを通し、次第に賛同者も増え、そこに実績が加われば、自分たちの考え方や最終的な目的などについても信用・信頼してもらえる。そういう意味でも、地域内での課題解決のための実績と成果が大切になる。

活動を広げ、支援者や応援団を増やしていくためにも、実績と成果は不可欠だ。話せばわかるではなくて、実際に現場に行って、現物を見てわかる実績づくりが大切である。百聞は一見にしかずの心境だ。三島では、現在、三四か所の実践地区がある。それぞれの場所での地域合意を含めて、完成まではそれぞれ一年半から五年の歳月を要している。関係者の意見交換と合意形成には多くの時間を使い、じっくりと市民主体の議論を積み重ねてきた。

今では、これらの「点」が、川という「線」でつながり、街全体の「面」に広がりを見せている。地域単位での小さな環境改善活動への挑戦が、地域総参加の新たなるコミュニティ意識を醸成し、その自立意識の成長が、街づくりや商店街振興などの環境コミュニティビジネスの展開へと拡大している。

「小さなこともできないものは、大きなことはできない」は、グラウンドワーク三島の格言だ。一歩ずつの無理のない活動の持続性と等身大規模の夢のある広がりの展開がグラウンドワーク三島の信念でもある。

⑨新たなステップを踏もう

これまでの実績を踏まえて、包括的な市民組織を形成しようということだ。

講演会などにおいて、「今までの市民活動のスタイルを本当に続けていっていいのだろうか、今後のことを考えると何らかの組織基盤の強化も必要になるのではないか」などの質問を受ける。

確かに、任意団体においては、例えば中心的な存在として何もかも取り仕切っている事務局長的な立場のリーダーが何らかの理由でいなくなってしまった場合、その組織が急激に弱体化してしまうことがある。また、ある特定のスポンサーや助成金、補助金がある間はいいが、なくなってしまうと途端に資金的に困窮し、活動が萎縮してしまうこともある。

どこの団体も、資金や人材確保に課題を抱えているものの、活動自体の発展的な仕掛けに神経が集中し過ぎてしまい、組織や活動の基盤強化に抜本的な解決方策が見つからないのが、現実の姿ではないか。そこで、組織体制の整備と成長のためには、新たなるステップに踏み出し、新しい市民組織の明日を考え、熟度を上げていくということは、NPOの社会的な使命を果たす意味合いでも大変重要な次なる取り組みとなる。

グラウンドワーク三島では平成一一年一〇月にNPO法人（特定非営利活動法人）格を取得した。その理念は「ファジーにしてフィックス」「自由が担保されているが、しかししっかりと組織化もされている」である。任意団体から法人格に変わったからといっても、実質的な組織形態とスタッフ相互の自由闊達なスタイルは、まったく影響のない、事業体に編成し直したのだ。

その特徴としては、理事三名、監事二名、その他の社員七名と、法人格取得の最低限の要件に見合った人員とし、組織化されている。一般的には、理事会がNPO法人の中核的な存在であるが、三島の場合は、従前通りのコア及びスタッフ会議が実質的な機動部隊としての機能を保持できる形態を確保したのだ。当然、先進的な活動への取り組みとともに、活動を側面的に支えるための資金調達・人材確保・事業計画・情報収集などの組織基盤の強化にも、積極的に取り組むことにした。事務局員も増強し、会計税務労務の管理も充実させた。

現在、活動開始から一四年が経過したが、予算は何とか一〇〇〇万円台を確保している。今後とも、企業協力による資金調達の強化や自主事業の拡大など、市民会社としての組織マネジメントの強化に、より多くの力を注いでいきたいと考えている。

さらに、新たなるステップとしては、「地域型の活動」から「流域型・広域型・国際的な活動」に発展・拡大させていくことも必要となる。現在の活動の実態を勘案・評価しながら、同時並行的に新たなる活動への取り組みも必要だと考えている。とにかく、一段ずつ階段を造り、登っていくようなステップアップが大切となる。

⑩見直そう

最後は、組織の見直しを図りつつ、活動の継続を進めていくことである。

今まで市民活動を進めてきて不思議に思うことに、「環境アセスメント」という言葉はあるが「市民活動アセスメント」という言葉は聞いたことがない。市民活動の持続性を担保し、強化していくためには、今までの活動や事業を分析・評価するという新たなる判断基準が必要となる。とかく市民団体は活動や運動に重点を置き過ぎて、後ろを振り向くなどの活動の総括をしない。

いろいろな問題を抱えているのに、活動の評価や組織体制の見直しがおろそかになる傾向がある。すなわち、各種の課題に対して、組織としての抜本的な解決方策や対策が施されていない。本当の意味での会社的な組織に組織強化されていないのだ。「何にでも、一生懸命に取り組めば結果がついてくる」的な発想は古く、それでは事業は成功しない。そういう認識不足が非効率と成果の不満足の悪循環を起こす。

解決への手段としては、今後は活発な市民活動と並行して、活動の現状と課題を専門的な所見にて分析・評価する「市民活動モニタリング調査」が必要とされる。例えば、評価項目として「どの部分に問題があり、どんな形態に修正すれば効率性が増すのか、あるいは、資金調達や財政運営の手法、スタッフや事務局員の扱い」など、民間企業が実施している「外部監査的機能」、または行政が進めている「業務棚卸し的対応」などによる見直しが求められる。今、英国のグラウンドワーク事業団の年間予算は一七〇億円だ。ひとつのトラストで約二〇億円の事業をこなしている所もある。常務理事は、経営的なセンスと事務能力の高い人でなければ務まらない。日本でも、商売的・経営的能力に優れたアドバイザーグループか専門家集団の育成を進める必要がある。

以上、一〇のステップを紹介した。現実的には、このステップをベースとして、それぞれの地域特性に合わせたグラウンドワークの推進方策を考えなくてはならない。ただし、私の考えでは、このステップを飛び越えて物事を進めると、どこかに消化不良が起こり、うまくいかなくなってしまう。ステップごとに時間がかかっても、あるいは順番を入れ替えても、一つひとつのステップを大切にして、その事実関係を積み重ねていく忍耐と努力が求められる。このステップが日本型グラウンドワーク活動の規範となり、各地域での活動事例の蓄積がさらなる規範を形成していく。その結果、どこの地域や案件にも適用することができる「パートナーシップ形成のノウハウ」になっていくものだと確信している。何が英国グラウンドワークだとか、認定トラストがどうだとかの議論の前提には、この多種多様な事象の蓄積と評価が重要となる。

5 今後の方向性と課題

現在まで一四年間にわたり、街づくり、環境づくりの仲介役として、具体的で実践的な環境改善活動を進めてきた。今後とも、組織体制の強化と活動内容の充実を図るべく、今後の方向性と課題を掲げる。

① 組織基盤の強化

・核になる専従スタッフを一～二名全国公募して雇用する。

・学生ボランティアとの連携を強化するとともに、市や企業からの派遣を要請し、組織体制の強化を図る。

② 仲介役的NPOのノウハウの蓄積

・他市民団体とのネットワーク化の拡大を進め、相互補完・支援システムの体制整備を推進する。

・仲介役的市民団体としてのマネジメント能力の研鑽、習得を進めるべく、各地域に出向いての「市民マネジメント出前講座」の開設を行い、地域リーダーの育成を行う。

③ 自主事業・政策提言の拡大

・実践部隊となるスタッフの人材発掘と養成を進め、機動力と組織力の強化を図る。

・企業にも劣らない品質管理の確保と自己責任に対するリスク管理の体制づくりを行う。
・安定的な資金確保を図るべく、公共施設の市民参加による維持管理システム（水と緑の市民管理公社の設立）の構築を進め、源兵衛川の河川管理、境川ビオトープ公園の施設管理などの受託を行う。
・ワークショップ、自然観察会、ビオトープづくり、環境教育の実践、公共施設の維持管理、森づくり、歴史的遺産の保全、耕作放棄地等の有効活用など、市民組織が担当したほうが行政以上に質の高い、効率的な市民サービスの提供が可能であることを、具体的に行政に提言する。

④ 人材の発掘

・環境改善活動ばかりではなく、国際協力、福祉、文化芸術、健全育成、地域防災など多彩な活動メニューを企画して、活動の場づくりを進め、市民参加の拡大を図る。
・高い専門性と特殊技能を持つ高齢者や女性などの人材発掘を進め、「三島地域達人グループ」「アドバイザーグループ」「せせらぎシニア元気工房」などを新たに組織化して、有償ボランティアとして活用することで、生きがい・やりがいを創設する場やNPOビジネスのビジネスモデルを確立する。

⑤ 地域活動から広域的活動へ

・三島限定の地域的な活動から、環境悪化が進行する富士山の環境保全運動などの広域的活動に同時並行的に取り組み、パートナーシップの有益性と効率性を実証する国民運動へと誘導していく。このことで、二一世紀に向けた新たなる社会・地域システムの再生への仕組みづくりへのひとつの方向性と処方箋を提案する。

⑥ 資金源の多様化

・活動の継続・発展には、それを支える資金力の充実が求められる。今後は、参加団体の拡充、様々なスタイルの会員確保、協賛企業の取り込み、市民支援ファンドの創設、募金箱の設置、債券の発行等の検討を進める。

・サポーター制度の創設、インターネット会員の設定等、会員分類の多様化を図り、資金調達力を強化する。

・支援カードの提携、ＢＳ放送・携帯電話媒体での資金確保の手法を検討する。

・認定ＮＰＯ法人としての要件をにらみ、寄付、賛助会員の拡大を進める。

・活動情報を整理して、様々な形式・内容のマニュアル本や紹介ビデオを制作する。

⑦　専門性の向上

・スタッフ内での活動情報、ノウハウの相互交換を進め、専門性、均一性の向上を図る。

・国内外への研修の機会を増大し、情報力の強化に努める。

・専門分野別の活動支援者である「アドバイザー制度」を充実して、研修の場づくりを進める。

・スタッフ及び支援スタッフどうしの情報交換を密にするために「メールシステム」と「掲示板」の拡充を図る。

⑧　次世代の養成

・高校生、中学生クラスの「グラウンドワークジュニア支援グループ」を創設して、子供の視点に立った環境改善活動を推進する。

・高校は個別のアプローチを行い、中学校は募集してグルーピングしていく。

・定期的なボランティア活動の設定や環境まちづくり等の勉強会の開催等、若者を引きつけられる活動を企画する。

第5章

パートナーシップ構築のためのQ&A

Q 三島の市民の方は最初から活動を理解し参加してくれたのか？

A

参加してくれるように仕向けた。参加とは何だろうか？　人数だろうか？　一般的には、参加者がたくさん来ることは、活動が評価されていると考え、満足感に浸れる。私自身も最初は、そういうふうに思っていた。だから人を呼ぶことに努力してきた。「皆さんも来るべきだぞ」という、やや押しつけがましいところがあったのではと思う。活動をやる時、おでんや焼きうどんが食べられるという付加価値をつけると、恐ろしく人が来る。ものすごくお金と神経を使い、心配して、ふっとまわりを見ると、ゴミだらけだったこともある。どういう意味で真なる影響を人々に与え、人々に自立性という「心の変化」を与えることができたかが活動の真価だ。私のイメージでは、一〇人程度が持続的な活動に参加してくれるようになれば、参加してくれたと思っていいのではと思う。最初は、やや参加して様子を見る程度だと思うが、来ていただいた上で、その後ろにある社会的背景について考えながら、ではどんな対応ができるのか、理解してもらいながら、もっと具体的な、もう一歩を突っ込んでいく活動に誘導していくことになる。参加人数が多いと、活動についての理念や目標を説明できる場面が少ない。しかし、一〇〜二〇人程度だと、熱い思いを伝えられる。残ってくれる人は、だいたい確率的には一〇%か二〇%だ。さらに活動の主体者になってくれるのは本当に少ない。現場に来てもらうのが一番の説得力だ。

Q　地元でNPO活動をしたいのだが、誰でもできますか？

A　誰でもできるが、何でもやればいいというものではない。自分の役割、自分のやりたいことが明確になっていないと、ただ参加していても飽きてしまう。自己の確立がしっかりできていて、それを実現するための道具としてNPO活動をしていくということになる。自分が活き活きできるNPO活動を見つけることが大事なことだ。いろいろな人からいろいろな刺激を受けるのがよい。

Q　NPOの活動に参加したいと思った時、どうしたら参加できるのか？　どこでそういった情報がわかるのか？

A　ボランティアやNPO・グラウンドワーク活動に参加する入り口論で非常に重要である。やりたいなと思ってもなかなか参加できない。私のイメージでは、参加には二つのパターンがあると思う。ひとつは、「自分がこうしたいから、こう思うから、自分自身が思うことを自分自身の発想で、責任も含めてやっていこう」という活動だ。これはかなり創造的な活動だ。逆に言うと、すごくつらい活動でもある。どちらかというと私自身はこちらだ。それぞれの人間の問題意識と個性や思いの強さも含めてあると思うが、どういうスタンスでNPO、ボランティアに参加するのかということになる。

例えば、富士山のトイレを改善するとしたら、私だったら「杉チップのバイオトイレを設置しよう」と思うわけだ。そのためには何と何と何が必要かということを考え、パーツを一つひとつつくり、それを合体させて具体的な形にしていく。いわゆる「ジグソーパズル」を完成させていく手法である。

もうひとつは「そんなところまで私はできないけど、自分のできる範囲で参加できないのか」ということだ。これは一般的すぎるというか、私の期待値では、お客様的なスタンスは参加してもあまり長続きしないという気がする。何のために参加するかという意思が弱く、どこか自分を外に置いている形になるので、できれば先ほどのイメージで考えてもらいたい。そうすると、受け身ではないので、積極的にどこにボランティア情報があるのか、自分にあった場所はどこかを探すことになる。

現実的には、静岡県なら県NPO活動センターに行けば、NPOのチラシや案内が掲示してあるし、インターネットでも調べられる。「しずおかNPOの森」とか「ふじのくに電子情報館」で見ることができる。福祉系では、県社会福祉協議会の「ボランティアの風」がある。その他市町村のボランティア協会や、役所の担当課窓口でも情報を得ることができる。

自分がどういうふうに自己表現したいのか、まずは、あるひとつの団体に入ってみて、会議に出て、よい悪いを判断して、自分の置き所を探してみることだ。団体に入ることで、また別のNPOに参加することもできる。どこかに参加して、そこに来る関係者に問題提起して、相談しながらネットワークを広げて、自分の居場所を探す。参加して実践しながら探していくというのが一番いいのではないかと思う。

Q NPO・ボランティア活動をするにあたり、心掛けることはあるか？

A やはり自分を大切にしていただきたいと思う。他人への奉仕の心とか言うが、私は、はっきり言って自分のためだと思っている。自分がそこで疲れてしまったり、傷ついてしまったり、自分を見失うようだったら、辞めたほうがいいと思う。NPO・ボランティアといっても組織であるから、規範とかルールとかあるので、小さな束縛の中で、どれくらい自分が表現できるかということだ。NPO・ボランティア活動は「夢舞台」でもある。人のことを思い、支え合う組織なのだ。そういうことを心がけていただければと思う。一〇年ぐらい活動していると、精神的にも強くなり、魅力的なすばらしい人間になれると思う。均一的で標準的な縦の個性ではなく、自由度にあふれた創造的な横の個性なのだ。

Q NPO活動で大変だったことはありますか？

A 大変だとは思わない、大変だと思わないようにしているというのが正直なところだ。困った時にネットワークを使って、自分一人で抱え込まないようにした。これは、NPOを動かしていく上でのひとつの資質だ。また、困らないような環境をふだんからつくっておくことが大切だ。まず困ると、次の時は困らなくなる。そして精神的にも組織的にも、どんどんずうずうしく強くなっていく。

Q NPO・ボランティア活動においてできること、できなかったことはありますか?

A 私のイメージでは、行政とか企業とかが、できなかったことをやるのがNPOだと思う。NPOは、そこで働くことによって、疲れない、自分がマイナスにならない、新しい人々とのつながりができる、もっと社会がワイドに見られる経験ができる世界だと思う。だから、「できないことはない」と思う。何をやりたいのかということが大事であり、それを実現したいという力が強ければ、できないということはあり得ないと思う。私が死ぬまでグラウンドワーク活動に関わっていくつもりでやっているので、「不可能を可能に、夢を現実に」の途中経過である。

Q NPO活動をやっていて嫌だと思ったことはありますか?

A 他人からの嫉妬だ。これはどこの社会でもあるものだ。いわゆる人間関係だ。一生懸命やると、足を引っ張る人がいる。文句を言われたからといって辞めてしまうと、もっと言われる。これから、皆さんがNPOのリーダーになっていくと、そういったバッシングに耐えられる精神力を養っていかないとやってはいけない。相手が悪いのか、自分が悪いのかということを冷静に分析する判断力も必要となる。世の中、すべて修羅場である。そういう現実の世界において、自分を修練していく。

Q 地元の高齢者や主婦がNPO活動をするにも、マネジメントをする人が必要だと思うが、その経営方法をどうやって学んだらよいのだろうか？

A 実際はやりながら学ぶしかない。私も実践を通して、NPO活動で起こる問題や課題にぶつかり、その都度、仲間と考え、解決してきた。これから一番必要とされるのは「実学」だ。つまり、実践の場において培ってきたマネジメントの能力を、どれだけ自分のものとして使いこなしていけるかということだ。本に書いてあることを学んでも、すぐ忘れる。実際の活動の中で、実績と信用を得て、資材を手に入れるというマネジメントを学んでいくわけだ。マネジメントのベースは、実践することと、挑戦すること、問題にぶつかり、それにくじけず、どうしたら解決できるかを自分で考え出していく内発的な力だと思う。わからなくなったら、専門家に聞けばよい。

Q 欧米諸国の国民が公益性を求めるのは、キリスト教による国民性なのでしょうか？

A 外国の企業は、地球全体の環境が改善すれば、自分の会社にメリットがなくてもいいと考える。環境や資源の循環の中で、会社がどこの位置づけにいるかということを、大きな視点で考えている。ところが、日本の企業は、自分の会社のメリットを優先する自己中心的な考え方だ。外国の企業には、宗教的な背景はあるとは思うが、支え合いの社会上の通念が教育されている。日本でも、昔は、村の共同体である「向こう三軒両隣」とか、「普請」「講」「結」とか、お互いが助け合っていく仕組み、分け合う仕組みが出来上がっていた。一概に国民性だけとは言えない。現代の社会情勢が厳しくなっているので、私は揺り戻しとして、助け合いの精神が自然発生してくると考えている。社会が乱れて不安になればなるほど、NPOは重要視されてくる。社会が無防備になってしまっており、そういう意味でも、高齢者や社会的弱者に対しての「セーフティネット」の役割が増加する。

Q **日本は欧米型の市民自立型の社会を形成することができるのか?**

A できるのかということではなく、形成しなければいけない。しかし、欧米型にこだわる必要はないと思う。日本が持っていた市民自立型の社会を創るということだ。「日本人よ、もっと日本人らしくなれ」ということだ。それは支え合いの仕組みだ。ゆったりまったりした安心した社会を創っていく。見て見ぬふりをするような社会では、豊かな社会とはいえない。

Q **ボランティアを全国に広めるにはどうしたらいいのですか?**

A 三島には、全国や海外から多くの人々が視察に来る。そして、いろいろなところへ講演に呼ばれ、話をして、グラウンドワーク活動をPRしている。時代を変えていく運動だが、そんなに急激に社会は変わらない。しかし、質の高い活動が地域の中で渦を起こしていけば、必ずや社会運動となって出てくる。NPO自身も、あちこちでネットワークをつくり、情報公開して、お互いの活動の相乗効果を狙っている。ボランティアとNPOの違いだが、活動だけしていればボランティアであり、活動をしながら組織論が出てくれば、NPOの方向に動いているといってよい。

Q　NPOばかり増えて資金源が減っていくのではないでしょうか?

A　社会的需要がどんどん増えていくので、NPOが活動して自立していくチャンスはどんどん増える。NPOは隙間《すきま》産業であり、ベンチャービジネスだ。その隙間が埋まることで、安心、安全な社会が出来上がっていく。そういう意味では、競争原理が働き、淘汰は当然起こり、新陳代謝が進む。

Q　団体の一員として組織と組織のつながりを重視すべきか?

A　これは二の次、三の次でいい。まずは自分の組織を大切にすればよい。自分の組織をどういうふうに高めていくかということを優先すべきだ。その上で、その組織をどうスキルアップしていくかということであり、次の段階として、より広いネットワークをさらにつくっていくことになる。

Q　静岡県内のNPOは、実際は零細NPOが多いのではないでしょうか?

A　活動することしか考えていなかった人たちが、組織の強化に意識を向ける必要がある。少しずついろいろな視点を持つということが、すでにNPOの領域に入っている。私は、やはり数が大事だと思っている。数がないと淘汰が起きない。また、地域から要求される多様なサービスに応えることができない。そして、競争が起きなければ成長もしない。静岡県のNPOは今、「玉石混交」で「揺籃期」だ。解散もあり、理事の交代も起きている。組織が成長していく過程で、批判や対立が起こる。それらを乗り越えていくことで組織が成長していく。

NPOの未来予想図は、もっともっと多くのNPOが生まれ、行政や企業と対等になり、市民にもっと近づき、市民の評価を得ることができるようになることだ。そして、新しい施策や事業をいかに提案できるかということだ。そして、若い世代をいかにキャッチングできるかということでもある。逆に、高齢者の方がたくさん入ってくるかということにもなる。NPOがひとつの職業として「キャリアアップ」の役割を果たすような媒体になっていく。

Q

学校ビオトープは、生態系としては孤立していますが、それを補うためにどういったことをしていますか？　教育的意義以外にビオトープをつくる意味はあるのでしょうか？

A

もちろん不十分だが、ないのとあるのとでは、子供たちに与える環境教育効果は全然違う。今後、三島では、二一の小中学校すべてにビオトープをつくり、ビオトープコリドー（回廊）化することを考えている。そのことで、鳥などの生態の賦存量がグレードアップしていく。そのための「点」をつくっている。子供たちは、そういった環境の中で育つことにより、自然との関わりを勉強している。つくるプロセス、管理のプロセスの中に、地域の住民が入っている。卒業生や企業や町内会の方がよく見にくる。参加者はやはり気になるわけだ。そして、その小学校を卒業した人が、三島南高校に入ってビオトープをつくりたいということで、その後、完成させた。彼らが大人になった時、物事をつくっていく段取りを理解すると思っている。そういったいろいろな波及効果が、ビオトープの建設のプロセスに内在している。

Q 川をきれいにした後の維持管理はどうしていますか？

A 膨大な議論をすることで、維持管理のシステムが自動的にできる。川がきれいになったことは、川をきれいにする組織と仕組みが出来上がったということになる。議論する中で、市民の主体的組織が生まれ、川をきれいにした人たちが、自分の家のまわりのゴミを拾うようになり、街からゴミ箱が消えていく。ゴミを捨てられない街をつくるのがグラウンドワーク三島の終局的目標だ。それは「人の心を変える意識革命」になる。その結果として、川が永久にきれいになるわけだ。これが、行政がやる成果とＮＰＯがやる成果との決定的な違いだ。大人が自立していくための「学習のプログラム」を私たちは提供している。大人の自己責任の社会を創るわけだ。特効薬はない。地道な継続的な活動がすべての源泉となる。

Q 人前で話す時のポイントは？

A わかりやすさだ。相手が子供でも年寄りでも、話をする時は、皆さんから時間をいただいていると考えている。また、自分自身が十分に理解していないと、わかりやすく伝わらない。自分で体験していないと、余り現場の情報を知らないので、詳しく説明できないから言葉のごまかしが起こる。

また、おもしろく聞いてもらえるような話し方をしないと聞いてもらえない。

Q 場を和ませるようなギャグはどのようにして考えるのですか?

A 人間の感性として出てきている。笑ってごまかせる社会が一番楽しく、大切だと思う。余りぎすぎすしない雰囲気づくりを心がけている。ボランティアやNPO活動は楽しくなくてはやってられない。

Q NPO活動をする上で、妻とは、家族とは、どう付き合うのか?

A 配偶者とのパートナーシップ、信頼関係をつくれないようなら、NPOのパートナーシップはあり得ない。はっきり言って、家庭が安定していないと、NPO活動は難しい。いろいろ言っても、説得力がなくなる。言葉の後ろに不安感が見え隠れし、精神的に安定していないと、納得できる仕事ができない。

もちろん、家族は大切だ。子供が小さい頃、小学生に上がるくらいまでは、ボランティアやNPO活動なんてやる必要はないと思う。妻と子供を大切にして、ちゃんと生活できるように努力し、自分の専門性を磨いて、社会の中で人間としてのファンダメンタルを具備すべきだと思う。三五歳ぐらいまでは、そんな状況でいいと思う。だから、私は余り若い人をあてにしていない。今は「ちゃんと自分の仕事をしなさい!」と言いたい。まずは家族と仕事が大切であり、これがNPO活動を支える基盤だからだ。

Q 人と人とのパートナーシップを形成することが重要なのか？

A 私が活動しているのは、人と人とのパートナーシップをつくりたいと思っているからだ。世の中は、旧来より助け合いの社会があったはずだし、助け合いの社会であっていいはずで、その社会をつくっていくためには、個人同士がパートナーシップを持てるような社会をつくっていくことは重要なことだ。これは絶対、行政ではできない。現場に入る人自身が、自分たちの問題意識の中でつくっていかなければならない。

Q リーダーはどういった人間がなれるのか？

A リーダーは自然発生的に選別されていくものだ。あえて言うのであれば、責任感の強い人間でなくてはならない。そして、「物事から逃げない、自分の言動に対して責任を取れる、自分で自分の言ったことに落とし前をつけることができる」、そういう人間だ。それから、他人を大事にする人間だ。いつも人のことを考えている人、忍耐力のある人、包容力のある人だ。そして、ある意味では口の達者な人、小さな嘘つき人間、夢売り人間でないとダメだ。大したことはないのに、でっかいことを言い、それでいて何となく、本当のことのように聞こえる演出力のある人間、全体が見られる人間、人の心が読める人、疲れない人、体力のある人、肝臓力のある人、お金にせこせこしないけど、ケチでないとダメだけど、ドケチではダメ。あとは、政治が嫌いでないとダメ、政治的なイデオロギーにおいて中立でないとダメ。ＮＰＯ法人の代表をやっていて、政治家として出ていこうなんていうのは少し違うのではないか。最近、このケースが多いのだが、いかがなものかなと思う。誰もがリーダーになり得ると思う。本当のリーダーは、馬鹿なやつを祭り上げて、後ろでコントロールしているやつなのかもしれない。

参考文献

●進士五十八『水上プロムナード計画・調査計画研究報告書「ふるさと三島　みずのみち構想計画」』三島市委託調査、昭和五四年三月
●農業水利施設高度利用事業・三島中部地区『基本構想・基本計画「都市の農村を結ぶ水のみち・三島」』静岡県東部農林事務所、平成三年三月
●(株)都市環境開発センター『3（高度利用）三島中部地区環境調査委託業務その1』静岡県東部農林事務所、平成三年一〇月
●(社)三島青年会議所『まちづくりプラン&アクション』平成四年
●(株)栄設計『5（県営水環境）三島中部地区環境追跡調査委託業務その2』静岡県東部農林事務所、平成六年九月
●グラウンドワーク三島／三島アメニティ資源大百科事典委員会編集室『三島アメニティ大百科』三島市、平成一三年三月
●三島ゆうすい会『三島ゆうすい会10周年記念誌』平成一三年九月
●グラウンドワーク三島『「パッションで前進」グラウンドワーク三島からパートナーシップの提案』平成一四年一〇月
●グラウンドワーク三島『「アクションで大展開」グラウンドワーク三島のパートナーシップ構築のノウハウ』平成一五年九月

おわりに

グラウンドワーク三島の活動が始まって、平成一七年九月で一四年の歳月が経過した。当初、八つであった参加市民団体が、今では二一団体となり、組織の多様性が生まれ、市民団体のネットワーク化が強化された。事業実践地区は三島市内全域に点在し、水辺環境の悪化が進んだ源兵衛川の再生、絶滅した水中花三島梅花藻の復活、住民参加の川づくり、学校ビオトープの建設、休耕田の環境教育園化、井戸・水神さん・お不動さん等歴史的資源の再生、荒れ地のミニ公園化など三四か所の実践地に及び、その結果として、ホタルが乱舞し、子供たちが川遊びに興ずる清流の街がよみがえった。

また、各行事への市民参加者数は延べ四万人となり、人口一一万人の三島市民の二割近くの人々がグラウンドワーク活動に参加している。小さな実践地区の「点」が、川の環境整備により「線」でつながり、「街中がせせらぎ事業」という街づくりの「面」に広がりをみせている。

難しい議論や高邁な総論よりも、地域に起きている小さな課題に対して真摯に向かい合い、その課題解決に市民・NPO・行政・企業とのパートナーシップの体制を創り上げ、多くの時間をかけて解決の道筋を見出すことで「小さな実績と成果」を残していくことだ。

グラウンドワーク三島の手法は、複雑に絡む様々な問題の糸をほどき、利害者間の合意形成を調整・仲介する専門性を持つ「中間支援型NPO」として、日本のNPOの中でも先駆的で創造的な市民活動を実践してきたと思う。

様々な職種と立場のボランティアスタッフが集まり、身近な生活現場で発生した地域問題に対して、それぞれの専門性と得意技を発揮して取り組む。効率的な課題解決に向けて、地域情報の収集・整理・分析・評価を行い、解決のための処方箋・方向性を見出していくのだ。

さらに、問題を抱えた地域に居住するスタッフが、プロジェクトリーダーやメンバーとなり、問題解決のための「戦略・アクションプラン」を立案する。この過程には、スタッフどうしの徹底的な議論と多くの検討時間をかけ、活動内容の質の向上と戦略・戦術の強靭性や多様性・汎用性を整えていく。多くの関係者との議論と問題提起のプロセスにより、様々な視点でのアイデアや創意工夫が生まれ、併せ、お互い同士が問題を共有しているとの仲間意識の醸成につながっていくのだ。この「人間同士の信頼のネットワーク」が、組織の基盤強化と連動し、持続力と発展性を担保していく潜在力となっていると思う。

限りない地道な実績の蓄積と活動の継続性を通しての「パートナーシップ」、活動を支える人々の「パッションン」、活動の将来像を示す明確な「ミッション」、創造的で楽しい「アクション」など、グラウンドワーク三島の活動は、スリルとサスペンスにあふれた「NPOの夢舞台」といえる。

今回、グラウンドワーク三島の活動のノウハウと秘訣を紹介する総括的なマニュアル本として本書を発行する。グラウンドワーク活動の入門編であり、代表的な活動である源兵衛川再生へのプロセスなど、グラウンドワーク三島の戦略と手法を紹介する。私たちの三島を活動の舞台とした地域変革への挑戦プロセスを学ぶことにより、全国各地での革新的な市民活動の「糧」にしていただければと期待する。

最後になりましたが、今までグラウンドワーク三島の事務局として活動の裏方を担っていただいた、佐藤久美子・清水純子・野中由美子・小松美奈子・森昭夫・村上茂之の各氏のご支援・ご協力にお礼を申し上げます。

また、今回の著書のベースとなった、「パッションで前進」「アクションで大展開」に関わった加藤正之・

速水洋志・小松幸子氏はじめ編集室スタッフのみなさま、多くの励ましとともに活動現場を支えていただいた小浜修一郎・広川敏雄・加須屋真・杉本政博・秋山高男・原知信の各氏などのグラウンドワーク三島のよき仲間たち、活動のあれこれを「事務局長のつぶやき」としてまとめることをアドバイスしていただいた高橋悦子・上岡康宣の各氏、つたない文章を整理し、校正などを手助けしてくれた(財)日本グラウンドワーク協会の松下重雄氏、グラウンドワーク活動の基盤をつくっていただいた小山善彦・斉藤政満・渡辺昭弘の各氏、この本の出版を提案し、実現してくださった中央法規出版の屋木伸司氏ほか、ほとんど留守がちな父親失格の私を優しく支えてくれた家族に、この場を借りて心より感謝申し上げます。

二〇〇五年一〇月　清流の街・三島にて

渡辺　豊博

プロフィール

渡辺　豊博（わたなべ　とよひろ）

一九五〇年生まれ。東京農工大学農学部農業生産工学科卒。一九七三年、静岡県庁に入る。農業基盤整備事業の計画実施に携わり、一九八八年、地域総参加による源兵衛川親水公園事業の企画を担当。農業土木学会「第一回農業土木学会研鑽賞」や「優秀賞」（二回受賞）、国土交通省「第二回日本水大賞」、土木学会「二〇〇四年度デザイン賞最優秀賞」を受賞。日本で最初の市民・NPO・行政・企業がパートナーシップを組む、英国で始まったグラウンドワーク（環境改善活動）を故郷・三島市で始める。

三島ゆうすい会、三島ホタルの会、NPO法人グラウンドワーク三島、（財）日本グラウンドワーク協会（県から二年間派遣）の事務局長を歴任。また、環境カウンセラー（市民部門）、静岡大学、宇都宮大学、静岡県立大学大学院非常勤講師などを務め、現在、都留文科大学文学部社会学科教授・農学博士。著書に『NPO実践講座』『環境共生の都市づくり』（ぎょうせい・共著）等がある。

また、かつてNPO法人富士山クラブの事務局長も担い、富士山の世界遺産登録を目指して、先駆的な活動を仕掛けるとともに、世界の富士（コニーデ型火山のある地域）との連携等グローバルな視点に立ったNPO活動を先導している。さらに、全国各地のグラウンドワーク実践地域との広域的なネットワークづくりや実践者を養成するグラウンドワーク全国研修センターの企画運営等、グラウンドワーク三島の実践事例を機軸にしたパートナーシップによる新たなる市民運動の手法を、「行政市民」として全国各地に情報発信し、NPOが創る市民協働の社会システムの構築を目指している。

体重一〇〇キロ・身長一八三センチの巨漢は、通称、ジャンボさんと呼ばれ、「右手にスコップ・左手に缶ビール」を合言葉に、「ミスター・グラウンドワーク」として実践的・具体的な楽しい市民活動をコーディネイトしている。

SymBooks

清流の街がよみがえった
地域力を結集――グラウンドワーク三島の挑戦

二〇〇五年一一月一〇日　初版発行
二〇一一年　三　月一〇日　初版第二刷発行

著者　渡辺　豊博
発行者　荘村　明彦
発行所　中央法規出版株式会社
〒151-0053　東京都渋谷区代々木二-二七-四
販　売　TEL〇三-三三七九-三八六一
　　　　FAX〇三-五三五八-三七一九
編　集　TEL〇三-三三七九-三七八四
　　　　FAX〇三-五三五一-七八五五
http://www.chuohoki.co.jp/
ISBN978-4-8058-4633-9

装丁　石原雅彦

印刷・製本　（株）太洋社

SymBooks

SymBooks
【シムブックス】
創刊のご案内

時計の針が頂点を通過していくように、私たちの地球もひとつの時代を終えて、次の百年、あるいは千年紀を迎えようとしています。

20世紀は、人間が歴史・文明を切り開いて以来数千年間続けてきた生活の在り方を大きく変えた時代となりました。私たちはかつてない物質的な豊かさを享受するようになった反面、将来の生存に関わるような新たな不安をも抱えて生きていくことになりました。地球環境問題はその一断面といえます。

将来を予測できるのが人間の特長だといわれますが、私たちは案外、微量な物質バランスの変化がもたらす影響とか、大気や海流の異変といった、目に見えにくく結果が遠大なリスクに立ち向かうのは苦手なようです。迫りくる危機に気づいていながらも、巨大化した経済社会の進路を切り替えられないもどかしさの中にいるのもまた事実です。

巨大な現代文明を背負ってしまったからこそ、そうした流れと自分たちのささやかな生活を結びつけていく知識と知恵を一人ひとりが持たなければならないのだと考えます。その知識と知恵に基づいた行動の中から、現代文明と地球環境との共存という新しい価値観が現実感を伴って生まれてくると期待します。

「SymBooks」は環境と生活を考える新しいシリーズです。英語でSymbiosis（共生）、Symptom（兆候）、Symmetry（調和）などの接頭辞Sym-（「共に」「同時に」の意味）から名付けました。注目される新しい環境問題を速やかに解説し、あるいは持続可能な社会の構築に結びつく暮らしの提案を行うような教養書シリーズとして、順次刊行してまいります。

あらゆる問題、あらゆる場面で、環境的な価値観が求められる新世紀に向けて。

2000年9月
中央法規出版